INDICE

METODOS Y EXPERIENCIAS DEL CELADOR EN LOS DISTINTOS GRUPOS MULTIDICIPLINARES DE LOS HOSPITALES Y CENTROS DE SALUD

1

ACTUACIÓN, METODOS Y EXPERIENCIAS DEL CELADOR EN LOS DISTINTOS GRUPOS MULTIDICIPLINARES DE LOS HOSPITALES Y CENTROS DE SALUD.

Los celadores dentro de los hospitales se relacionan para su cometido con médicos, ATS, auxiliares, técnicos, administrativos y otros. Al relacionarse con tan diferentes categorías y profesionales es importarte saber que cometido hace cada uno, para una mejor comprensión del trabajo y el cometido del celador en su trabajo. Un celador tiene que saber que trabajo y lugar donde se realiza de cada uno de las diferentes profesiones del hospital. Al conocerlo el celador sabe como y donde debe ayudar y hacer su cometido con mayor eficacia. Los profesionales que más trato tienen con los celadores son médicos, ATS, auxiliares de enfermería, técnico de farmacia, técnico de rayo, cirujanos, anestesistas, fisioterapeutas, técnicos de laboratorio, administrativos, mantenimiento y limpiadoras.

Definición, actuación, método y experiencia del celador en las especialidades médicas Médicos.
Los médicos son el encargado de valorar, diagnosticar y curar al enfermo. Cuando llega el enfermo al hospital, una vez pasado el triaje, en urgencia, pasa a la policlínica donde será llamado por el medico y se pasara a consulta. En la primera visita a la consulta el médico, este puede pedir pruebas como analíticas, RX, TAC, resonancia magnética nuclear, ecografía, electrocardiograma, etc... entre otras. Una vez realizadas dichas pruebas el medico puede valorar al paciente, para poder dar un diagnostico. En este caso sería el médico de urgencias, pero hay muchas especialidades como el traumatología, que su cometido es valorar, diagnosticar y curar a los pacientes con los huesos rotos o cualquier otro daño.

Desde la Residencia de Medicina General del Hospital Subzonal Andrés Isola, consideran que la formación del médico general está enmarcada en la estrategia de Atención Primaria de la Salud, (APS) y dirigida a la atención integral, personalizada y continua de las personas, su grupo familiar y la comunidad, independiente de la edad o sexo, patología o condición. En ese marco, el médico general debe ser capaz de manejar patologías prevalentes, sabiendo derivar al especialista oportunamente y debiendo estar preparado para trabajar en conjunto con otras instituciones de la comunidad.

El médico familiar/médico rural; son en la práctica médicos de atención primaria adecuados al contexto donde se desempeñan.

La función como médicos generalistas es:

Aplicar las estrategias para el primer nivel de atención de la Salud.
Integrar el equipo interdisciplinario.
Participar en acciones de promoción de la Salud y prevención específicas e inespecíficas.
Promover y/o integrar las entidades existentes o en formación que impliquen formas de participación comunitaria.
Planificar las acciones en salud con la actuación principal de la comunidad:

Realizar un diagnóstico de situación basado en un enfoque crítico de riesgo, teniendo en cuenta los factores demográficos, sanitarios, socio-culturales, económicos y epidemiológicos obtenidos en el área; en forma permanente.

Realizar acciones de administración.

Enfatizar las tareas de evaluación continua de las acciones de salud.

Planificar acciones de Salud.

Registrar todas las prestaciones que realiza.

Realizar la historia clínica individual y familiar.

Efectuar la práctica asistencial según normas, adaptadas, con la participación de los actores locales, a su realidad cotidiana.

Referenciar y promover la contra referencia.

Indicar la internación y/o traslado del paciente.

Realizar el seguimiento de pacientes derivados a niveles de mayor complejidad.

Colaborar en la atención integral del paciente internado.

Continuar con el tratamiento y seguimiento del paciente externado.

Cumplir con Programas de Formación continua.

Asesorar en temas de Salud a Instituciones y grupos del área.

Realizar tareas de investigación social, clínica y epidemiológica en su área de desempeño.

Realizar tareas docentes en la comunidad, en el pregrado de carreras de las Ciencias de la Salud y en Cursos de post grado de su Especialidad.

Cardiólogo

El cometido del cardiólogo es valorar el estado del corazón, aplicar una estrategia preventiva y si después de valorar y dar un diagnostico, seria curar. El cardiólogo hoy en día hay muchos estancias donde están los cardiólogos. Como en urgencia que estaría, en críticos, cuando entra un paciente de urgencia, por motivos severos, también esta en observación donde lleva el progreso del enfermo, también esta en la UCI de colorarías donde esta los mas graves y tienen que llevar mas cuidados y vigilancia del enfermo cardiaco. Por ultimo el cardiólogo cirujano en el quirófano , donde se opera al paciente para curarlo de la anomalía o enfermedad cardiaca que tuviera .estos mismos médicos, también están en consultas externas donde atienden a los paciente para llevar un control de los paciente enfermos o diagnosticar problemas cardiacos a otros paciente que llegan por primera vez.

Anestesista.

El anestesista es una especialidad, que se encarga principalmente en el quirófano, de que el paciente no sienta el dolor que le ocasionaría la intervención, también se dedica a la reanimación del paciente, producida por la anestesia.

La anestesia, es un acto médico controlado en el que se usan fármacos para bloquear la sensibilidad táctil y dolorosa de un paciente, sea en todo o parte de su cuerpo y sea con o sin compromiso de conciencia.

La anestesia general se caracteriza por brindar hipnosis, amnesia, analgesia, relajación muscular y abolición de reflejos.

La anestesiología es la especialidad médica dedicada a la atención y cuidados especiales de los pacientes durante las intervenciones quirúrgicas y otros procesos que puedan resultar molestos o dolorosos (endoscopia, radiología intervencionista, etc.). Asimismo, tiene a su cargo el tratamiento del dolor agudo o crónico de causa extra quirúrgica. Ejemplos de estos últimos son la analgesia durante el trabajo de parto y el alivio del dolor en pacientes con cáncer. La especialidad recibe el nombre de anestesiología y reanimación, dado que abarca el tratamiento del paciente crítico en distintas áreas como lo son la recuperación postoperatoria y la emergencia, así como el cuidado del paciente crítico en las unidades de cuidados intensivos o de reanimación postoperatoria. La especialidad médica de la medicina intensiva es un brazo más de la anestesiología.

La labor del celador en con el anestesista es, una vez que entra en el quirófano se encarga de pedir al celador que traiga al paciente que tiene que pasar al quirófano, ya dentro se encargara de decidir cuando y como se mueve el paciente en la mesa de operaciones. También cuando se pasa a la cama para el traslado para la recuperación y despertar, él es el que sincroniza a los celadores para pasar al paciente. Por último quien acompaña al celador hasta llegar a recuperación es el anestesista y para valorar cuando saldrá de la zona de despertar y posteriormente a la planta el paciente.

Hematología

Normalmente, la aportación del celador, es llevar a los pacientes a la planta de hematología o llevarlo al quirófano de hemodinámica y recogerlo para devolverlo a planta.

La Hematología o estudio de la sangre, es la especialidad médica que se dedica al tratamiento de los pacientes con enfermedades hematológicas, para ello se encarga del estudio e investigación de la sangre y los órganos

hematopoyéticos (médula ósea, ganglios linfáticos, bazo, etc) tanto sanos como enfermos.
HEMO-significado de sangre, griego ejemplos de palabras: hematocrito, hematoma
La hematología es la rama de la ciencia médica que se encarga del estudio de los elementos formes de la sangre y sus precursores, así como de los trastornos estructurales y bioquímicos de estos elementos, que puedan conducir a una enfermedad.
La hematología es una ciencia que comprende el estudio de la etiología, diagnóstico, tratamiento, pronóstico y prevención de las enfermedades de la sangre y órganos hemolinfoproductores. Los especialistas en este dominio son llamados hematólogos.
La hematología comprende el estudio del paquete celular, el perfil o el estado sanguíneo, los cuales son:
Recuento de eritrocitos (y valor hematocrito)
Recuento de leucocitos
Determinación de hemoglobina
Velocidad de sedimentación globular (VSG)
Fórmula leucocitaria (recuento diferencial de leucocitos).
El cometido del celador en hematología es conducir al paciente de la planta, policlínica, UCI o observación y se llevaría a hemodinámica, sc coloca la cama al lado de la mesa de hemodinámica , con el transfer y dos celadores se pasa sincronisadamente el paciente a la mesa de hemodinámica, una vez pasado, solo sacar la cama y ponerla en la parte posterior del quirófano y dejarlo preparado hasta que se termine la intervención .Una vez

terminada , se pasaría de la mesa a la cama y de la cama a la habitación del hospital.

Alergología

En la especialidad de alergología, solo hay que llevar al paciente a la consulta donde se les hace las pruebas correspondientes de su alergia.

Se entiende por alergología la especialidad médica que comprende el conocimiento, diagnóstico y tratamiento de la patología producida por mecanismos inmunológicos, con las técnicas que le son propias; con especial atención a la alergia. Dicho de otra manera las alergias que tienen algunas personas al polen, lácteos, gluten y otras muchos.

El celador solo llevaría al paciente a la consulta, pero si llegara con una fuerte alergia, se llevaría a urgencia a críticos, donde se intervendría de urgencia al paciente.

Después el celador lo llevaría a observación, para el control del paciente. Por ultimo a planta o el medico le daría el alta.

Geriatría

Es una especialidad, con mucho trabajo y particularidades propias para el celador.
Con esta especialidad, el celador suele trabajar en Residencias y Hospitales. En el hospital hay que llevar al paciente a las pruebas de RX, TAC, Ecografía y otras muchas, se traslada al paciente en silla de ruedas o en la cama. En la planta, hay que ayudar a levantarlo y acostarlo cuando lo indiquen, también hay que ayudar a asearlo con el auxiliar en la propia cama, ya que la mayoría de las veces los pacientes geriátricos les cuestan levantarse o moverse para poder ir al cuarto de baño. Con estos pacientes hay que mantener una disposición educada y positiva, para tener una buena actitud del paciente a la hora de movilizarlo. Hay que escucharlo porque ellos se sienten bien cuando lo escuchan y para el celador es enriquecedora y satisfactoria la voz de la experiencia.
En los centros geriátricos a parte de todo esto, hay que pasearlo por el centro, llevarlo al comedor, llevarlo al gimnasio o piscina si la tuviera. Esta especialidad se define como una especialidad médica dedicada al estudio de la prevención, el diagnóstico, el tratamiento y la rehabilitación de las enfermedades en la tercera edad.

La Geriatría resuelve los problemas de salud de los ancianos; sin embargo, la Gerontología estudia los aspectos psicológicos, educativos, sociales, económicos y demográficos de la tercera edad.

Está especialidad médica está implantada en al menos 9 países: España, Finlandia, Irlanda, Islandia, Liechtenstein, Noruega, Países Bajos, Rusia, y Suecia.

Reumatología

La reumatología, en esta especialidad normalmente el celador solo se limita a llevar a los pacientes a la consulta, en el caso de que ellos no pudieran. Esta especialidad, si la hay en hospitales es como consultas de día o externas. La reumatología es una especialidad médica, rama de la medicina interna y la pediatría, dedicada a los trastornos clínicos (no los quirúrgicos) del aparato locomotor y del tejido conectivo, que abarca un gran número de entidades clínicas conocidas en conjunto como enfermedades reumáticas, a las que se suman un gran grupo de enfermedades de afectación sistémica: las conectivopatías.

Los reumatólogos (especialistas en reumatología) tratan principalmente a los pacientes con entidades clínicas de afectación localizada que dañan generalmente las articulaciones, huesos, músculos, tendones y fascias, etc., e incluso enfermedades con expresión sistémica. En lo que ayuda el celador a los pacientes que tienen dolores o molestias, producida por la reuma, es a movilizarlos hasta la consulta o las especialidades del hospital.

Gastroenterología

La gastroenterología es la especialidad médica que se ocupa de todas las enfermedades del aparato digestivo, conformado por: el esófago, el estómago, el hígado y las vías biliares, el páncreas, el intestino delgado (duodeno, yeyuno, íleon), el colon (intestino grueso), el recto.

Esta especialidad, si tiene una gran variedad de cometidos para el celador. Llevar a los enfermos a consulta. Cuando llegan a urgencia con una patología grave. Primero se lleva a triaje, después de la valoración medica, se hacen las pruebas pertinentes, Rx, TAC, Ecografías, analíticas. Después con la valoración medica y el informe se lleva a Observación donde estará hasta que el medico lo vea oportuno. También en ocasiones dependiendo de la patología se lleva directamente al quirófano de urgencias o se llevaría de observación a planta donde esperaría a ser intervenido al día siguiente normalmente. Se bajaría a sala de pre-quirófano, donde se rasuraría, se le pondría un gorro, patucos y se pasaría de la cama de planta a una camilla con ruedas. Se prepara un transfer con una sabana pequeña de quirófano, se coloca la sabana a lo largo del transfer y se coloca en lo alto de la mesa de operaciones, después se coloca la camilla con el paciente, al lado de la mesa de operaciones del quirófano, se rota el paciente, metiendo el transfer con la sabana, por debajo del paciente y dos celadores tirando uno y otro empujado, se pasa el enfermo a la mesa de operaciones. En las intervenciones de digestivo, se colocan los soportes para las manos y se coloca, si hiciera falta, las perneras, sujetando las piernas en la posición que diga el medico. También se colocaría el arco y la mesa de operaciones en la posición que dijera el cirujano. Unas vez terminada la intervención, traeríamos su cama y se pasaría con el transfer, se llevaría con el anestesista hasta la sala de despertar, donde estará hasta que el anestesista le de el alta para subirlo a planta. En la operación podría ocurrir que hiciera falta que se llevara plasma o sangre, con lo cual hay que estar cerca del quirófano. Estas serian algunas de las tareas del celador con la especialidad de digestivo. Al paciente se pasa con transfer cuando el no puede pasarse por sí mismo o si sigue anestesiado.

Medicina Intensiva

Esta modalidad de medicina, tiene muchas y diferentes tareas para el celador ya que se puede realizar en la UCI, Recuperación y Críticos, dependiendo de los Hospitales.

La medicina intensiva es una especialidad médica dedicada al suministro de soporte vital o de soporte a los sistemas orgánicos en los pacientes que están críticamente enfermos, quienes generalmente también requieren supervisión y monitorización intensiva. Los pacientes que requieren cuidados intensivos, por lo general también necesitan soporte para la inestabilidad hemodinámica (hipotensión o hipertensión), para las vías aéreas o el compromiso respiratorio o el fracaso renal, y a menudo los tres. Los pacientes admitidos en las unidades de cuidados intensivos (UCI), también llamadas unidades de vigilancia intensiva (UVI), que no requieren soporte para lo antedicho, generalmente son admitidos para la supervisión intensiva/invasora, habitualmente después de cirugía mayor.

Los especialistas en cuidados médicos intensivos se llaman intensivistas. Existen dos modelos fundamentales de acceso a la especialidad. En algunos países, esta especialidad es asumida por anestesiólogos, cardiólogos, neumólogos, internistas o cirujanos, generalmente tras un periodo complementario de formación en los conocimientos y habilidades propios de la Medicina Intensiva. En otros países como España existe la especialidad de Medicina Intensiva como tal, con una formación específica horizontal que cubre los distintos aspectos del paciente crítico.

Los cuidados intensivos generalmente sólo se ofrecen a los pacientes cuya condición sea potencialmente reversible y que tengan posibilidad de sobrevivir con la ayuda de los cuidados intensivos. Puesto que los enfermos críticos están cerca de la muerte, el resultado de ésta intervención es difícil de predecir. En consecuencia, mueren todavía muchos pacientes en la Unidad de Cuidados Intensivos. Un requisito previo a la admisión en una unidad de cuidados intensivos es que la condición subyacente pueda ser superada. Por lo tanto, el tratamiento intensivo sólo se utiliza para ganar tiempo con el fin de que la aflicción aguda pueda ser resuelta.

Algunos estudios médicos sugieren una relación entre el volumen de la Unidad de Cuidados Intensivos (UCI) y la calidad del cuidado al enfermo crítico ventilado mecánicamente. Después de ajustar los factores: gravedad de la enfermedad, variables demográficas, y características de las UCI (incluyendo personal intensivista), un volumen de la UCI más grande fue perceptiblemente asociado a índices más bajos de mortalidad en la UCI y en el hospital.

En la UVI o UCI, el cometido del celador, es muy variado. Lo primero es traer el enfermo del quirófano, observación o críticos. Una vez recogido al paciente de estas zonas al llegar a la UCI se cambia el monitor, respirador y bombona, que se lleva en la camilla, por el que tienen en la UCI y se pasa el enfermo de la camilla a la cama con el transfer. El monitor, el respirador y la bombona se llevan a su lugar de origen, si viene de observación, pues se lleva a observación, quirófano o críticos, dependiendo de su origen, se deja todo el aparataje.

También otro cometido del celador en esta unidad, es llevar al enfermo a las pruebas diagnosticas, como RX, TAC, Ecografía, Resonancia magnética y otras muchas. Se prepara al paciente en su cama, con su monitor, respirador o bombona de oxigeno y se lleva con la compañía de un ATS para su traslado. Se esperara en el lugar de la prueba con el ATS y al terminar se volverá a llevar a la UCI. También en la unidad de la UCI se ayuda a hacer cambios postulares, a subir al paciente en la cama cuando se baja. Otra tarea es ayudar a limpiar con el auxiliar de enfermería, a mover material y camas por la UCI, también a llevar las analíticas y traer lo que pidan de farmacia. Por ultimo se ayuda al traslado el los paciente a planta cuando se le da el alta en la UCI.

Esta especialidad medica se trabaja con, médicos intensivistas, ATS, auxiliares de enfermería y limpiadoras. Normalmente quien indica las tareas el supervisor de la UCI, los ATS, cuando hay que llevar analíticas, cambios postulares, entre otras, el auxiliar principalmente ayudar a limpiar y movilizar al enfermo. Con el medico, cuando hay que llevar a un enfermo a un quirófano, TAC u otra prueba que haya que llevar al paciente con respirador, monitor, sueros, medicación controlada., en estos casos hay que llevar la maleta de parada y el monitor de parada.

También las UCI tiene especlalidades diferentes y cada profesional tienen necesidades diferentes, con lo que mantenerlos informados de las otras unidades es conveniente para poder organizar las diferentes tareas.

Este tipo de unidades tienen unas particularidades, también a la hora de tratar tanto a los pacientes como a los compañeros, hay que tener un concepto de compañerismo y relación asertiva para poder desarrollar lo mejor posibles las diferentes tareas. Hay otros compañeros en la unidad de la UCI, como la limpiadora o el administrativo, con los cuales tener una buena comunicación es necesario para, mantener limpias las diferentes estancias y saber quien tiene el alta a planta. Dicho de otra manera estar comunicado con todo el equipo multidisciplinar.

Coloproctologo

Esta especialidad da mucho trabajo al celador, tanto por los traslados, como la limpieza de los enfermos y la preparación para quirófanos o la planta. Para conocer mejor que es un coloproctólogo o cirujano de colón y recto como también se le conoce en otros países, es un médico con especialización en cirugía general que ha realizado estudios y entrenamiento adicional en enfermedades del intestino delgado, colon, recto y ano. Si bien el coloproctólogo es el especialista que se encarga del tratamiento quirúrgico de enfermedades en éstos órganos, también se ocupa del diagnóstico y tratamiento médico de muchas de ellas.

Dentro de las enfermedades y trastornos mas comunes evaluadas y tratadas por el coloproctólogo están: la enfermedad hemorroidal, fisuras anales, abscesos perianales, fístulas perianales, lesiones postquirúrgicas del ano, enfermedades anorectales de transmisión sexual, prolapso de recto, estreñimiento severo, incontinencia fecal, tumores benignos y malignos del intestino delgado, colón y recto; enfermedad diverticular del colon, enfermedades inflamatorias específicas e inespecíficas del intestino como la rectocolitis ulcerosa y la enfermedad de Crohn entre otras.

Estos pacientes pueden llegar desde consultas o urgencias, de ambas, el medico los valora y si los tratamientos no son suficientes, se ingresa para su posterior intervención.

Una vez que llega al hospital, se les hacen las pruebas necesarias como ecografía, TAC y analíticas, una vez valorado por el médico y si ha decidido el ingreso del paciente, se avisa al paciente que estará esperando en la policlínica y el médico le informara debidamente y una vez que este el encame preparado se subirá a la planta, dependiendo, de la edad y su estado se llevara a planta en carrito o camilla. Dependiendo de la gravedad se intervendrá quirúrgicamente ese mismo día en el quirófano de urgencias o al día siguiente en los quirófanos generales. El celador subirá a planta cuando lo requiera el anestesista para bajar al paciente, una vez en la planta, se buscara al ATS y se le avisara, de la operación del paciente, que tiene que estar ya avisado de antemano. Se le pedirá la historia del paciente y se llevara al quirófano, en las estancias de prequirófano, se colocara un gorro, unos patucos y se pasara a una camilla. Donde después se llevara a la mesa de quirófano, se pasara con el transfer y se colocaran a la mesa de operaciones, los brazos, arco y perneras o separación de ellas. Una vez terminada la operación, se pasara a la cama, con el transfer, cuando lo indique el anestesista. Una vez en la cama, se llevara a despertar en compañía del anestesista.

Neumología

Esta es una especialidad la cual, el celador tiene que tener cuidados con los contagios con los enfermo. Son enfermos que para su traslado hace falta, normalmente una botella de oxigeno.
Estos enfermos suelen llegar muchas veces de urgencias con síntomas agudos y hay que encamarlos.
La neumología es la especialidad médica encargada del estudio de las enfermedades del aparato respiratorio. Desde su origen en la tisiología (primordialmente), la broncología y la fisiología respiratoria, se ha desarrollado ampliamente. En España se separó de la Cardiología tras la ley de especialidades de 1977, lo cual afectó a los MIR nacionales o no (la mayoría latinoamericanos) que si antes terminaban titulados en "pulmón y corazón" a partir de entonces son cardiólogos o neumólogos. El neumólogo

es el médico entrenado para el diagnóstico y tratamiento de tales enfermedades respiratorias.

En esta especialidad, hay que hacerles pruebas, como ecografías, TAC, Rx, analíticas y hay que llevarlos desde la planta hasta lugar de las pruebas. Hay que transportarlos en su cama con oxigeno y pasarlos a las mesas de TAC, RX, con el transfer o con dos celadores y una sabaneta. Sobre todo a las personas mayores que no se mueven bien.
Hay que evitar que se fatiguen.

Infectología

Esta especialidad, hay que tener ciertas precauciones, como llevar al paciente con mascarillas, se lleva a aislamiento una vez valorada la enfermedad infecciosa, en urgencias o en consultas. Se coloca una mascarilla al paciente y otra al celador que lo lleva a las pruebas pertinentes como, ecografía, TAC, RX. Una vez terminadas algunas de las pruebas se llevaría, según su gravedad, a la planta de aislamiento o a la UCI de infeccioso aislamiento. Al entrar el celador en algunas de estas estancias, se colocara guantes, gorro, mascarilla y bata de papel de usar y tirar. En los traslados al paciente y el celador se vestirá igualmente.
La infectología (también llamada enfermedades infecciosas, en los departamentos hospitalarios) es una subespecialidad de la medicina interna que se encarga

del estudio, la prevención, el diagnóstico, tratamiento y pronóstico de las enfermedades producidas por agentes infecciosos.

Las enfermedades infecciosas son y han sido siempre una importante causa de mortalidad en todo el mundo. El especialista en esta área, llamado infectólogo o infectóloga tiene que realizar un estudio profundo de las enfermedades.

Es una rama muy antigua de la medicina interna. Hasta hace relativamente poco, las enfermedades infecciosas representaban el primer lugar en las estadísticas de mortalidad mundial pero, con el advenimiento de los antibióticos, antiparasitarios, antivirales, antimicóticos y otros agentes, como los antisépticos y desinfectantes, las infecciones se han desplazado como causa de mortalidad en el mundo, y han dado paso a las enfermedades cardiovasculares. La infectología es una subespecialidad de alto nivel que trata infecciones complicadas que ningún otro médico está capacitado para tratar.

El celador, en estas plantas o unidades, tiene que traer las medicaciones, llevar las analíticas y llevar al paciente a las pruebas que no se puedan hacer en aislamiento, como TAC, resonancias magnéticas y siempre con la protección adecuada.

Nefrología

La nefrología, es una especialidad que da mucho trabajo en urgencias ya que muchos pacientes, se tratan de esta enfermedad cuando les da un dolor muy intenso, dolor renal, por cálculos renales. El celador tiene que llevar a diferentes pruebas al paciente. Como ecografías, RX, analíticas. Después del diagnostico medico, se lleva a planta si fuera necesario, para su posterior intervencón. Una vez operado se llevaría a planta para su recuperación. Este seria el trámite que tendrías que realizar entre otros el celador en nefrología. Si el paciente, lo diagnosticaran desde atención primaria, tendría que esperar, para el preoperatorio, nuevas analíticas y pruebas y la posterior cita, para ser operado en el hospital.

La nefrología es la especialidad médica rama de la medicina interna que se ocupa del estudio de la estructura y la función renal, tanto en la salud como en la enfermedad, incluyendo la prevención y tratamiento de las enfermedades renales.

Definición

La Nefrología puede ser definida como la especialidad clínica que se ocupa del estudio de la: anatomía, fisiología, patología, promoción de salud, prevención, clínica, terapéutica y rehabilitación de las enfermedades del aparato urinario en su totalidad, incluyendo las vías urinarias que repercuten sobre el parénquima renal. A diferencia de la urología no es una especialidad quirúrgica, aunque tienen estrecha interrelación. Nace de la clínica y por lo tanto es una de sus ramas la cual profundiza los conocimientos sobre las funciones y enfermedades del riñón. Es el producto del desarrollo científico y tecnológico en el campo de la medicina y fueron muchos los años que transcurrieron durante los cuales se fueron sentando las bases de la futura especialidad.

Como resultado lógico de estos avances, surgió una nueva especialidad médica, LA NEFROLOGÍA, con un desarrollo explosivo propiciado por importantes desarrollos tecnológicos e investigativos característicos del siglo XX.

El médico especialista en nefrología se llama nefrólogo. La nefrología no debe confundirse con la urología, que es la especialidad quirúrgica del aparato urinario y el aparato genital masculino.

El celador para su buen trabajo, es conveniente que sepa en que consiste cada una de las especialidades de sus compañeros.

Pediatría

La pediatría es la especialidad médica que estudia al niño y sus enfermedades. Pero su contenido es mucho mayor que la curación de las enfermedades de los niños, ya que la pediatría estudia tanto al niño sano como al enfermo.

Cronológicamente, la pediatría abarca desde el nacimiento hasta la adolescencia. Dentro de ella se distinguen varios periodos: recién nacido (primeras cuatro semanas), lactante (1-12 meses de vida), prescolar (1-6 años), escolar (6-12 años) y adolescente (12-18 años).

La puericultura es una de las especialidades de la medicina. Significa "cuidado de los niños" y viene del latín puerilis (niño) y cultura "cultivo"; o sea, el arte de la crianza. Por eso hoy en día se habla de la puericultura científica, que busca como objetivo final la resiliencia; es decir, la capacidad del individuo de triunfar en la vida a pesar de la adversidad. La pediatría social estudia al niño sano o enfermo en su interrelación con su comunidad o sociedad. La odontopediatría es la rama de la odontología que estudia las afecciones de la boca en los niños. La tendencia actual es fundir todas estas acepciones en un único término, pediatría.

Esta especialidad, el celador, lleva desde urgencias pediátrica a los niños, a las pruebas pertinentes de Rx, TAC, eacografía. También si el diagnóstico, fuera necesario se ingresaría y su posterior intervención en el quirófano. El celador también se encarga de pasar al niño a la mesa de operaciones y después sacarlo de la mesa, para la sala de recuperación o despertar. Después por ultimo llevara al niño a su planta.

Rehabilitación

Una especialidad donde el celador tiene bastante trabajo y variado con habilidades que hay que practicar. Lo primero es llevar al paciente de la habitación del hospital al gimnasio en sillas de ruedas, previamente se a levantado al enfermo de la cama a la silla de rueda, con una técnica muy realizada en hospitales, lo primero se incorpora en la cama, se rota en la cama sujetando en la espalda y las piernas y moviendo sincronizadamente y queda sentada en la cama, dependiendo del peso, lo realizara con un celador o dos. Una vez sentada, se pone el carrito cerca, y se coge al paciente de la axila con una mano y con la otra en la espalda y se le avisa que pongas los pies en el suelo y que se sujetas bien al paciente le ayudas a levantarse y como el carrito esta al lado, solo hay que rotarlo y sentarlo, después se colocan los reposa pies y se lleva al gimnasio. Una vez en el gimnasio se ayuda a levantar, para colocarse en las barras paralelas y les ayudas a andar y se les anima. Después se vuelve a sentar el la sillas se pone en cada uno de los aparatos, se les ayuda en cada unos de ellos, todo esto con las indicaciones del

Fisioterapeuta y la ayuda del celador. Una vez terminada la sesión, se devuelve al paciente en la habitación y se acuesta si lo indica el medico.
La rehabilitación en medicina es definida por la OMS como «el conjunto de medidas sociales, educativas y profesionales destinadas a restituir al paciente minusválido la mayor capacidad e independencia posibles» y como parte de la asistencia médica encargada

de desarrollar las capacidades funcionales y psicológicas del individuo y activar sus mecanismos de compensación, a fin de permitirle llevar una existencia autónoma y dinámica. El objetivo se mide en parámetros funcionales, en el restablecimiento de su movilidad, cuidado personal, habilidad manual y comunicación.

A partir de que en el año 2000 la OMS introdujera la Clasificación Internacional del Funcionamiento, de la Discapacidad (CIF-2000) y la Salud el funcionamiento y la discapacidad de una persona se conciben como una interacción dinámica entre los estados de salud y los factores contextuales, tanto personales como ambientales, lo que implica la participación activa de la persona a la que concierne su propia rehabilitación y el deber de la sociedad con las personas minusválidas, englobando todas las medidas destinadas a prevenir o a reducir al mínimo inevitable las consecuencias funcionales, físicas, psíquicas, sociales y económicas de las enfermedades y cuantas situaciones originen minusvalía transitoria o indefinida.

Por otra parte, la Sección de Medicina Física y Rehabilitación (MFR) de la Unión Europea de Médicos Especialistas (UEMS), en su cometido de normalización y homologación internacional versa su doctrina científica y su hacer humanístico en dos contextos, el de la prevención y curación a través de la Medicina Física y el del manejo de la discapacidad en el nivel terciario de atención a la salud, mediante la Rehabilitación. De esta manera, esta especialidad tiene una entidad propia que la hace distinta e independiente de las demás, tipificadas legalmente, socialmente reconocida y con un ámbito internacional de aceptación que determina que la especialidad de Medicina Física y Rehabilitación esté unánimemente reconocida en el ámbito de la Unión Europea.

La especialidad médica que se dedica a la rehabilitación en salud es la medicina física y rehabilitación (en adelante MFR) que se define como la especialidad médica a la que concierne el diagnóstico, evaluación, prevención y tratamiento de la incapacidad encaminados a facilitar, mantener o devolver el mayor grado de capacidad funcional e independencia posibles

Medicina Preventiva

Es la especialidad médica encargada de la prevención de las enfermedades basada en un conjunto de actuaciones y consejos médicos. Salvo excepciones, es muy difícil separar la medicina preventiva de la medicina curativa, porque cualquier acto médico previene una situación clínica de peor pronóstico. El campo de actuación de la medicina preventiva es mucho más restringido que el de la Salud pública, en la que interviene esfuerzos organizativos de la comunidad o los gobiernos.

La medicina preventiva se aplica en el nivel asistencial tanto en atención especializada u hospitalaria como atención primaria. Tiene distintas facetas según la evolución de la enfermedad, y se pueden distinguir cuatro tipos de prevención en medicina.

Esta especialidad, el celador tiene que ayudar a la promoción de la salud y a llegarse periódicamente por medicina preventiva para hacerse un reconocimiento general. Por cuestión simplemente laboral. En medicina preventiva el celador ayuda a pasar a los paciente en las consultas, lleva documentación y trae el material necesario a las consultas.

Neurología

Es la especialidad médica que trata los trastornos del sistema nervioso. Específicamente se ocupa de la prevención, diagnóstico, tratamiento y rehabilitación de todas las enfermedades que involucran al sistema nervioso central, el sistema nervioso periférico y el sistema nervioso autónomo, incluyendo sus envolturas (hueso), vasos sanguíneos y tejidos como los músculos.

Esta especialidad tienes muchas tareas diferentes para el celador, tanto en la planta como en el quirófano. Una vez ingresado el paciente en planta, hay que llevarlo a las pruebas necesarias, normalmente dos celadores, porque no suelen moverse, dependiendo de la gravedad, también hay que lavarlos y hacerles cambios posturales. Cuando empiezan a recuperarse por regla general, hay que llevarlo a rehabilitación. Cuando hay algún paciente tiene una patología grave y de larga recuperación, nórmamele se ingresan es hospitales adecuados, con unidades de recuperación y plantas de recuperación.

El celador en el quirófano, hay que tener mucho cuidados con los movimientos bruscos en los traslados, también al pásalo en algunas pruebas como TAC o resonancias magnéticas porque hay que tener mucho cuidado y pasarlo. Además tienen que estar dos celadores como mínimo, con las sabanas y el transfer de forma sincronizada paras las movilizaciones.

Angiología

Es la especialidad médica que se encarga del estudio de los vasos del sistema circulatorio y del sistema linfático; incluyendo la anatomía de los vasos sanguíneos (como arterias, venas, capilares) y la de los linfáticos, además de sus enfermedades.

En España está reconocida la especialidad médico-quirúrgica en Angiología y Cirugía Vascular, que se ocupa del diagnóstico y tratamiento de las enfermedades de los vasos sanguíneos (arterias y venas) quedando excluidos el corazón y las arterias intracraneales.

Esta especialidad, se llevan a los quirófanos de cirugía vascular, tanto a los pacientes que llegan a urgencias, como a los programados de consultas. El traslado puede ser en silla de rueda o camillas, dependiendo, de la recomendación o indicación del medico. El quirófano es pequeño y solo hay que pasarlo de la camilla o silla de rueda a la mesa de operaciones. Se le coloca el oxigeno, los brazos y las piernas. Se saca la camilla y se baja la cama de la planta, si el paciente fuera de urgencias. Por ultimo se pasa el paciente después de la intervención a la cama y se sube a planta con un enfermero, que vigile al paciente. En este caso el ATS tendrá un seguimiento en planta, a la mínima incidencia del paciente llamaría al medico de guardia para solucionar el problema. Una buena comunicación con el ATS, seria bueno por si se tuviera que trasladar al enfermo, para alguna prueba o intervención de urgencia. Es fundamental para los traslado uno o dos celadores.

Obstetricia o tocología.

Es una rama de las Ciencias de la salud que se ocupa de la mujer en todo su periodo fértil (embarazo, parto y puerperio), comprendiendo también los aspectos psicológicos y sociales de la maternidad. Los profesionales de la salud especializados en atender los partos normales se llaman, dependiendo del país, matrona/matrón u obstetriz/obstetra.

Esta especialidad, sobre todo da una variada cantidad de trabajos en hospitales maternos infantiles.
Esta especialidad, se llevaría a la paciente o embarazada en silla de ruedas a tocología, una vez preparada después de monitores, dilatación, se pasaría al paritorio.
Dependiendo tipo de parto, si fuese con epidural, el celador sujetaría a la paciente, mientras la doctora pone la epidural, una vez puesta se acomoda en la mesa de partos y se les coloca las piernas en las perneras, se coloca a la altura que indique la facultativa. Después del nacimiento, se pasaría a la paciente a la cama y se llevaría al puerperio, donde estará hasta que el medico le de el alta a la planta. En el puerperio se le lleva al bebe a la madre, para que lo tranquilice.

Medicina Familiar y Comunitaria

En esta especialidad medica, el celador solo tiene cometidos en centros de salud primaria. Normalmente ayuda a dar citas y a trasladar algún paciente a consultas. En la actualidad suelen ser celadores conductores y suelen estar en centros de salud de pueblos.

La especialidad surge a partir de la necesidad de reformar el sistema sanitario público español (Sistema Nacional de Salud) a partir de las directrices de la Ley General de Sanidad (ley 14/1986 del 25 de abril, publicada en el BOE nº 102 del 29 de abril) con la intención de potenciar de manera clara el primer nivel de atención de los pacientes en contacto con el sistema sanitario. Se necesita un profesional adecuado a las nuevas necesidades, con capacidad real de resolución de problemas de salud a la cabecera del paciente, lo que además supone mejorar la eficiencia del sistema sanitario, al resolver prácticamente el 90% de los problemas de salud en este nivel, derivando a otros niveles del sistema los problemas que por su complejidad o requerimientos tecnológicos necesiten otros recursos.

Los médicos de atención primaria trabajan con una visión del enfermo holística, integral y biopsicosocial. La atención se basa en el paciente y no en la enfermedad, en la familia o el entorno más inmediato del paciente como condicionante del estado de salud, y se introduce una visión comunitaria de la medicina, con la que a partir de un análisis de la comunidad, la cual puede actuar como fuente de enfermedad o como medio terapéutico, desde donde se puede actuar con medidas preventivas y de promoción de la salud. La actuación sobre la población es longitudinal (a lo largo de la vida del paciente) e incluye tanto la atención en la consulta como en el domicilio o dentro de los diferentes recursos sociales (escuelas, residencias de ancianos, etc.).

Para poder conseguir este perfil de profesional, el ámbito de conocimientos de la medicina de familia es muy amplio e incluye prácticamente todas las áreas médicas y quirúrgicas, de psiquiatría y de gestión sanitaria, siendo la capacidad de intervención sobre los problemas de salud, sólo limitada por los propios conocimientos y aptitudes del profesional y por las limitaciones estructurales y de medios técnicos de que se disponga.

El acceso a la formación en medicina de familia y comunitaria, es actualmente (2012) en el postgrado, a partir del programa MIR (Médico Interno Residente) que tiene una duración de cuatro años. La medicina de familia y comunitaria se está abriendo camino hacia la universidad, para poder constituir un área de conocimientos propia en el currículo de la licenciatura de medicina.

Los principios básicos de la especialidad han sido claramente señalados por muchos autores, entre los cuales se cuenta a Ian McWhinney. Aunque otros médicos han ayudado a consolidar un cuerpo de conocimientos, un marco epistemológico propio que le permite obtener identidad y poder ser reconocida como una verdadera especialidad médica. El propio nombre de la especialidad es motivo de controversias, aun cuando tengan programas de formación semejante, no necesariamente igual. Los General Practitioners de Suecia o de Reino Unido son ejemplo de ello, o la Medicina General Integral que implementa el modelo de salud cubano y venezolano en el primer nivel de atención.

Definición, actuación, método y experiencia del celador en las especialidades quirúrgicas

Cirugía general

Esta especialidad da una gran variedad de tareas diferentes y el celador tiene que conocer cada uno de los profesionales que trabajan en estos quirófanos. Todo empieza en urgencias o en consultas y después serian operaciones programadas. Llega el paciente y se lleva a planta bien de programada o urgencias. Dependiendo de la urgencia del paciente se puede operar en el quirófano de urgencias o en el quirófano de cirugía general, si esta programado. Una vez con la petición de intervención, se baja el paciente en su cama, se queda en la sala de preoperatorio, se pasa a una camilla, la cual se puede subir y bajar y se lleva a la mesa de operaciones, dependiendo de la operación, se ponen perneras, o se inclina la mesa de operaciones, dependiendo de la operación. Dentro de las operaciones de cirugía general están, las del aparato digestivo; incluyendo el tracto gastrointestinal y el sistema hepato-bilio-pancreático, el sistema endocrino; incluyendo las glándulas suprarrenales, tiroides, paratiroides y otras glándulas incluidas en el aparato digestivo. Así mismo incluye la reparación de hernias y eventraciones de la pared abdominal. Estas operaciones, conllevan algunas, transfusiones, aparataje especial, como monitores de laparoscopia. Esta maquinaria, tiene que llevar los celadores al igual que las transfusiones, que se tienen que llevar al banco de sangre. Una vez terminada la intervención, se pasa a la cama y se llevaría a despertar, para su reanimación y después a planta, donde seguirán en observación y con la medicación hasta su alta. El cirujano general puede especializarse en alguna de ellas. Esto no es igual en todos los países ya que en algunos es considerada una especialidad más y se entiende por súper especialización la profundización en una de sus ramas quirúrgicas. Desde el advenimiento de la cirugía laparoscópica, el cirujano general ha debido adecuarse, en los últimos tiempos, a la nueva modalidad de abordaje, dónde las destrezas adquiridas en la cirugía a cielo abierto, en muchos casos, se contrastan y en muchos otros se complementan con el nuevo abordaje quirúrgico. La mayoría de las intervenciones en cirugía general requiere instrumental similar a excepción de los procedimientos rectales, mamarios y tiroideos, los cuales precisan instrumental especial. Mediante el uso de elemento quirúrgico profesional y adecuado para cada tipo de intervención.

En esta especialidad quirúrgica el personal es, anestesista, cirujano, ATS, auxiliar, celador y técnicos de RX .

Con todo este personal tiene que estar en comunicación, para el buen funcionamiento.

Cirugía Cardiovascular

Esta especialidad, el celador, esta en consultas, urgencias, quirófanos y planta.
Es una especialidad médica de clase quirúrgica que, mediante el uso de la mano y el instrumento, pretende resolver o mejorar aquellas patologías cardíacas que no son tratables con fármacos ni con intervenciones menores tales como cateterismos, stents, etc. En la mayoría de los casos el objetivo real es disminuir la magnitud de los síntomas y mejorar la calidad de vida del paciente, puesto que es atípica la resolución completa del problema.

Esta especialidad, el enfermo llega al hospital bien, desde las consultas o desde urgencias. Se les diagnóstica una enfermedad y hay que intervenirlo. El celador lo recoge de planta o urgencias, se prepara al enfermo con un camisón, gorro, patucos y se le rasura si hiciera falta. Seguidamente se pasa a la mesa de operaciones, de las mismas formas que en otras operaciones. Se les sujeta los brazos, se coloca las maquinas, los pies de suero, se saca la cama y se prepara, un monitor de traslado, una respirado con al bombona y el tubo de tráquea con el codo/válvula. A la hora de pásalo a la cama, se hace a pulso con una sabana y con cuidado, sin brusquedad y se lleva a la UCI coronaria o a la recuperación. Tiene pequeñas diferencias, respecto a otras operaciones. El celador, se queda en el quirófano, por si hace falta plasma, sangre, medicación, movilización del enfermo, monitores, bombona de oxigeno, sueros o cualquier otra cosa en un operación.

En estos quirófanos, hay que tener una buena comunicación, es fundamental para el buen funcionamiento .Estas profesiones hay que estar motivados y los compañeros son fundamentales tener una buena actitud entre todos. El paciente seria el beneficiario final de una actitud profesional y humana.

Cirugía Ortopédica y Traumatología

Esta especialidad, está muy presente en las urgencias, es una de las especialidades, con más cantidad de trabajo, también para el celador. Son muy típicas las llegadas de pacientes, como personas jóvenes, con tibias, peroné,

38

fémur, muñecas, rodillas, codos, y de más, roto por accidentes de tráfico, laborales o deportivos. Con la cadera rota son más normales las personas mayores. La mayoría de las operaciones de traumatología entran por urgencias. Una vez que entra por la puerta del hospital, entra en la camilla de una ambulancia, pues se prepara una camilla del hospital con una sabana y se pasa al paciente con la sabana de la camilla de la ambulancia. Dos personas una por cada lado de las camillas sujetado las sabanas y otros dos uno en la cabeza y otro en los pies, un vez preparado se pasa en bloque todo a una y se repite igualmente, cuando se pase para hacerle los Rx y TAC. Una vez hechas las pruebas se esperan al diagnostico del traumatólogo y si fuera necesaria la intervención de urgencia, el celador prepararía al paciente, gorrito, patucos y pijama y gorrito, se recoge la documentación del paciente de policlínica y de la consulta de traumatología y se llevaría al pre quirófano donde el anestesista y el traumatólogo hablarían con el paciente. Una vez todo preparado se llevaría al paciente a la mesa de operaciones de traumatología. Se pasaría de la camilla con el transfer. Se sujetaría los brazos, en los reposa brazos, si el brazo estuviera con fractura, se pondrían un pequeña mesa de acero inoxidable con un paño de quirófano, donde se apoyaría el brazo afectado. Y las piernas dependiendo la que estuviera afectada también habría que traccionarla, dicho de otra manera dependiendo de donde tenga la fractura, hay que colocar los apoyos necesarios, son soportes que se acoplan a las mesas de operaciones. Esta labor es del celador. Una vez en el quirófano hay que estar cerca de él, por si llaman al celador, por sangre, sujetar al paciente, traer una medicación, aparataje, ayudar a sostener, vendar. Una vez terminada la operación, se prepara la cama, con el arco y las tracciones. Se pasaría el paciente a la cama con el transfer y todos a una. Una vez en la cama, se colocaría la pierna en alto y con las tracciones, todo esto si la operación fuera de pierna. Después se llevaría a despertar y cuando tenga el alta, Se llevaría a la planta, con mucho cuidado.

La cirugía ortopédica es una rama de la cirugía que se refiere a desórdenes del aparato locomotor, de sus partes musculares, óseas o articulares y sus lesiones agudas, crónicas, traumáticas, y recurrentes. Aparte de las consideraciones mecánicas, también se refiere a los factores de la patología, de la genética, de lo intrínseco, extrínsecos, y biomecánicos implicados.

También, hay operaciones programadas, de personas que tienes, otras patologías, que también requieren cirugía de traumatología, esas personas llegan de operaciones programadas y llegan desde las consultas de los especialistas de traumatología.

Especialidades médico-quirúrgicas

Dermatología Médico-Quirúrgica y Venereología

Este tipo de especialidad, suele ser de Hospital de día, con lo que el paciente llega a la consulta y se pasa a un vestuario, donde se pone un pijama, gorrito y patucos. Se lleva al paciente en silla de ruedas hasta el quirófano. Se pasa por si mismo, a la mesa de operaciones y se les coloca los posa brazos y se saca la silla de ruedas. Cuando termina operación, se les ayuda a pasar a una silla de rueda y se lleva a una sala de recuperación de anestesia, donde se sentaran en unos sillones, hasta que le den el alta. Después al rato el paciente se puede ir andando hasta su casa.

La dermatología es la especialidad médica encargada del estudio de la estructura y función de la piel, así como de las enfermedades que la afectan y su prevención al mismo tiempo lleva un selecto procedimiento para controlar posibles lesiones o enfermedades a esta. Dermatoglifia: estudio del dibujo formado por las líneas de la palma de la mano y la planta del pie. Estos patrones se utilizan como base para la identificación del sujeto y también tienen valor diagnóstico, pues existen asociaciones entre determinados patrones y anomalías cromosómicas.

Esta especialidad, no da mucha tareas para el celador, es relativamente un trabajo tranquilo. Es importante tener una actitud educada y simpática con los pacientes que no conocen el procedimiento y están, desconcertados. Por lo que infórmalos y tranquilizarlo, es importante. El celador puede informar, donde se va a llevar, presentarlo a la doctora, En generas, hacer lo mas agradable la operación.

Subespecialidades

La venereología, que diagnostica y trata las enfermedades de transmisión sexual.

La flebología, que se ocupa de las dolencias del sistema venoso superficial.

Ambas subespecialidades son parte de la práctica dermatológica.

La dermatología cosmética lleva siendo durante mucho tiempo una parte importante en este campo y los dermatólogos son los principales innovadores en esta área. Desde hace varias décadas se emplea la dermoabrasión para paliar las cicatrices dejadas por el acné y la microtransferencia de grasa para rellenar defectos cutáneos. Más recientemente, estos profesionales han sido la fuerza impulsora en el desarrollo y manejo seguro y efectivo de técnicas como el láser, nuevos agentes de relleno dermatológico (como el colágeno y el ácido hialurónico), la toxina botulínica, procedimientos no agresivos de rejuvenecimiento con láser, sistemas de luz pulsátil intensa, terapia fotodinámica y "peeling químico". Esta especialidad también realiza aplicaciones con hipertermia de contacto, para realizar tratamientos de remodelación facial, hiperoxigenación, nutrición cutánea y atenuación de las estrías cutáneas.

Para retener el agua de la superficie de la piel se utilizan lubricantes que son sustancias especialmente creadas para esta labor, estas se usan más que todo en la parte de cosméticos y en preparados farmacológicos usados en dermatología.

En estos últimos años, el gran desarrollo que ha experimentado la Dermatología ha permitido que mejorase el conocimiento de las enfermedades dermatológicas y, por lo tanto, precisar en su diagnóstico (nuevas técnicas, nuevos estudios con inmunohistoquímica en anatomía patológica, etc.) y que aparezcan nuevos y más eficaces tratamientos.

Urología

Es la especialidad médico-quirúrgica que se ocupa del estudio, diagnóstico y tratamiento de las patologías que afectan al aparato urinario, glándulas suprarrenales y retroperitoneo de ambos sexos y al aparato reproductor masculino, sin límite de edad.

Esta especialidad, el celador, al igual que en otras especialidades, el paciente llega por urgencias o por consultas, suelen ser personas mayores, por lo que hay que trasladarlo en sillas de ruedas, Se lleva a planta hasta el momento que llegue la operación. En ese momento se baja en su cama de la planta. Si el paciente es mayor y le cuesta trabajo moverse. Si van dos celadores mejor, será más fácil pasarlo a la camilla y después a la mesa de operaciones donde se intervendrá quirúrgicamente. Dependiendo de la operación, hay que colocar perneras al paciente o sujetar los brazos con unas sabanas que se sostienen, remetiéndolas debajo del paciente. Por ultimo, lo mismo hay que inclinar la mesa en antitren. Después lo mismo, se lleva a despertar y después del alta del anestesista a planta.

Estas son unas cuantas especialidades medicas, para que el celador sepa lo que se hace en cada una de estas especialidades, al llegar al trabajo y se sabe como realizarse y lo que se va hacer, después , las relaciones laborales y personales son mas fáciles.
Es importante tener una buena disposición y positividad en el trabajo. En este tipo de trabajo, tendría que ser vocacional, con más razón para ser positivo e intentar tener una buena relación con los compañeros de todas las categorías. Con este manual, lo que se intenta es que el celador al conocer el trabajo de las demás categorías, sepa como ayudar, para que haya una buena comunicación.

Definición, actuación, método y experiencia del celador en las especialidades de laboratorio Análisis clínico

En los análisis clínicos, lo principal es llevar lo más rápido posible la analíticas a laboratorio. Lo zonas más típicos de donde se recogen analíticas de un hospital son, policlínica, observación, extracciones generales, críticos, quirófanos, UCI y recuperación.

44

Todas estas especialidades mandan analíticas a los laboratorios. Cada especialidad tiene sus particularidades.

En la **policlínica**, son los pacientes que están en espera de enfermería para analíticas, para la posterior valoración medica.

Observación el paciente esta encamado y vigilado, para un buen control se les hace analíticas periódicas.

Críticos, aquí llega el paciente muy grave y por protocolo se hacen analíticas, para saber como se encuentra el paciente.

Extracciones generales, esta consulta esta solo abierta por la mañana y se encargan de hacer todas las analíticas mandadas de consultas externas, médicos de cabecera o ambulatorios.

Quirófano, se hacen analíticas, tanto para el anestesista si ve alguna anomalía, como por cualquier otro motivo de pruebas de quirófanos.

UCI y Recu, Tienen enfermos muy graves y tienen que hacer analítica periódica, para observar el estado de los pacientes.

Un análisis clínico o prueba de laboratorio se le llama comúnmente a la exploración complementaria solicitada al laboratorio clínico por un médico para confirmar o descartar un diagnóstico. Forma parte del proceso de atención a la salud que se apoya en el estudio de distintas muestras biológicas mediante su análisis en laboratorio y que brinda un resultado objetivo que puede ser tanto cuantitativo (un número, como en el caso de la cifra de glucosa) o cualitativo (positivo o negativo).

Estas pruebas son muy útiles en los hospitales ya que son rápidas de hacer y solucionan muchos diagnósticos médicos. No son pruebas muy caras y se pueden realizar, prácticamente en cualquier centro.

El resultado de un análisis clínico se interpreta a la luz de valores de referencia establecidos para cada población y requiere de una interpretación médica. No deben confundirse ambos conceptos ya que hablamos de dos cosas diferentes, por un lado esta la prueba diagnóstica realizada y su resultado, y por el otro, la interpretación que el médico en cuestión dé a esos resultados. Lo más importante es que al realizar un análisis, siempre se deben tener en cuenta ciertas características propias de una prueba diagnóstica. Algunos de estos aspectos clave son: la especificidad, la sensibilidad, el valor predictivo, la exactitud, precisión y validez (analítica, clínica y útil de dicha prueba), así como la preparación y recogida de la muestra o el rango de referencia.

Anatomía Patológica

Esta especialidad, exige un celador especializado en anatomía patológica. Normalmente es siempre el mismo celador, que ya están acostumbrados a unas tareas muy específicas y no agradables para casi todos los celadores. Por lo que los celadores, que están suele aguantar mejor dichas tareas son a los que ponen en estos trabajos.

Es la rama de la Medicina que se ocupa del estudio, por medio de técnicas morfológicas, de las causas, desarrollo y consecuencias de las enfermedades. El fin último es el diagnóstico correcto de biopsias, piezas quirúrgicas, citologías y autopsias. En el caso de la Medicina, el ámbito fundamental son las enfermedades humanas. La Anatomía Patológica es una especialidad médica que posee un cuerpo doctrinal de carácter básico que hace que sea, por una parte, una disciplina académica autónoma y, por otra, una unidad funcional en la asistencia médica.

Definición, actuación, método y experiencia del celador en la especialidad de farmacia

Farmacología

En farmacia hay todo tipo de tareas, para los celadores. En planta, urgencias, quirófano, UCI, recuperación, y prácticamente casi todas las dependencias.

En planta, suministran medicación tres veces al día, para los pacientes que está encamados. Por lo que el celador baja por la mañana, por medicación y la sube en un carro especialmente diseñado con la medicación y por la tarde baja dicho carrito. Pero durante el día siguen pidiendo medicación específica para cada enfermo y esa medicación se sirve en el momento, por lo que el celador tiene que estar bajando y subiendo tantas veces como haga falta en la planta.

En urgencias, piden medicación en observación y en la policlínica principalmente. En observación, suele haber un celador que se encarga del suministro de medicación. En la policlínica se llama al celador y trae la medicación genérica que más se utiliza en la policlínica. Se trae en un carro grande y se guarda en el almacenillo de urgencias con el auxiliar de enfermería.

Quirófano, en quirófano tienen un almacén pequeño con todos los suministros que mas se utilizan, que los trae durante la mañana, un celador encargado para ese cometido, pero durante las intervenciones , dependiendo de la medicaciones , hay que volver a farmacia para otros tipo de medicación si fuese necesario.

En la **UCI**, suele haber paciente graves, por lo que hay estar llegándose contantemente a la farmacia por medicación. Normalmente, tiene sus horas de medicación, pero hay pacientes peculiares que tienen que cambiar la medicación por cualquier motivo medico, por lo que hay que volver a pasar por la farmacia por medicación.

Recuperación también es una unidad de cuidados intensivos para los pacientes y los pedidos para farmacia se hacen durante todo el día, por lo que el celador de esta Unidad esta también todo el día pasando por farmacia.

La farmacología, fármaco,y logos es la ciencia que estudia el origen, las acciones y las propiedades que las sustancias químicas ejercen sobre los organismos vivos. En un sentido más estricto, se considera la farmacología como el estudio de los fármacos, sea que ésas tengan efectos beneficiosos o bien tóxicos. La farmacología tiene aplicaciones clínicas cuando las sustancias son utilizadas en el diagnóstico, prevención y tratamiento de una enfermedad o para el alivio de sus síntomas. También se puede hablar de farmacología como el estudio unificado de las propiedades de las sustancias químicas y de los organismos vivientes y de todos los aspectos de sus interacciones, orientado hacia el tratamiento, diagnóstico y prevención de las enfermedades.

En los hospitales las medicación se sirve, las unidades justas y necesarias para los paciente, pero en las consultas se mandan recetas para que los pacientes los compren el las farmacias y se suministren en la casa del paciente, por ellos mismos.

Definición, actuación, método y experiencia del celador en la especialidad de Medicina Nuclear

La medicina nuclear, son técnicas muy nuevas, en los hospitales que hay esta especialidad, se llevan a dichas pruebas, bien de urgencias, previa petición medica y usuarios de estas pruebas, tanto de plantas de como de urgencias y consultas. Ya que la medicina nuclear sirve para riñones, tiroides, sistema linfático y demás especialidades.

La Medicina Nuclear es una especialidad de la medicina actual. En medicina nuclear se utilizan radio trazadores o radiofármacos, que están formados por un fármaco transportador y un isótopo radiactivo. Estos radiofármacos se aplican dentro del organismo humano por diversas vías (la más utilizada es la vía intravenosa). Una vez que el radiofármaco está dentro del organismo, se distribuye por diversos órganos dependiendo del tipo de radiofármaco empleado. La distribución del radiofármaco es detectado por un aparato detector de radiación llamado gamma cámara y almacenado digitalmente. Luego se procesa la información obteniendo imágenes de todo el cuerpo o del órgano en estudio. Estas imágenes, a diferencia de la mayoría de las obtenidas en radiología, son imágenes funcionales y moleculares, es decir, muestran como están funcionando los órganos y tejidos explorados o revelan alteraciones de los mismos a un nivel molecular.

Definición, actuación, método y experiencia del celador en la especialidad de microbiología y parasitología

Volvemos a otras de las especialidades las cuales el celador acude con pruebas, prácticamente de todo el hospital y todos los días. Normalmente de donde mas suelen mandar pruebas a microbiología es de UCI, donde hay enfermos que están con una gran variedad de enfermedades y hay que hacerles muchas pruebas para llevar un control sobre ello. En la planta se piden menos, pero en plantas como trasplantes, infecciosos, piden muchos más este tipo de pruebas que en otros tipos de plantas.

En quirófano no se suele pedir mucho, este tipo de pruebas. En la policlínica de Urgencias, si se pueden pedir este tipo de pruebas ya que entran muchas personas por estas estancias y algunos pueden ser infeccioso por lo que hay que hacerle este tipo de pruebas.

La microbiología y parasitología es una especialidad médica dedicada al estudio y tratamiento de las enfermedades infecciosas que afectan a los humanos, y por extensión a otros seres vivos

El microbiólogo y parasitólogo está especializado en los procesos patológicos originados por microrganismos que afectan a la salud humana. Su objetivo es la detección, aislamiento, identificación, mecanismos de colonización y patogenicidad, mecanismos de diseminación y transmisión, significación clínica y epidemiológica, procedimientos para su control sanitario o terapéutico y respuesta biológica del ser humano ante los microrganismos. Estos incluyen: bacterias, hongos, protozoos y virus.

El celador trasportaran dichas pruebas, lo más rápido posible y en contenedores apropiados para dicho propósito, con la documentación pertinente, que suele ser la prueba que piden al técnico con el contenido.
El microbiólogo clínico normalmente ejerce en los laboratorios hospitalarios, o de servicios de salud pública, precisando una tecnología y métodos de trabajo diferentes a los de otros laboratorios clínicos. No atienden directamente a los pacientes, sino que dan respuesta a las consultas de los médicos clínicos, mediante el envío de muestras tomadas a enfermos o portadores de infecciones. El microbiólogo las estudia y dictamina sobre la existencia o no de enfermedades infecciosas, identificando el microrganismo aislado y proponiendo la forma de eliminarlo.
Esta especialidad suele estar aparte del laboratorio común, en los hospitales. Para mantener un aislamiento.
Esta especialidad no esta común en los ambulatorios, por lo que los ambulatorios lo piden a los hospitales generales. Lo ambulatorios más grandes, en algunos

pueblos o ciudades que tengan una urgencia si suelen tener laboratorio de microbiología

Radiología

La radiología es una de las especialidades, que mas se utiliza en los hospitales, hay celadores especialmente dedicado a pasar a los enfermos a rayos, para que haya un control sobre la entrada y su espera en consultas. Los Rx, se hacen en urgencias en la parte de observación, pero se lleva un portátil de Rx, para hacer los rayos insitu. También se hacen rayos con portátil en críticos y algunas beses en planta y en la UCI. Normalmente los rayos generales suelen ser para pacientes programados, que llegan desde las consultas externas. Los rayos de urgencias se hacen en el momento y es para los paciente que llegan desde urgencias y están esperando en policlínica los resultados de las pruebas, que cuando el medico tenga todas las pruebas, llamara al paciente para informarlo y darle el diagnostico.
Es la especialidad médica y odontológica que se ocupa de generar imágenes del interior del cuerpo mediante diferentes agentes físicos (rayos X, ultrasonidos campos magnéticos, etc.) y de utilizar estas imágenes para el diagnóstico y, en menor medida, para el pronóstico y el tratamiento de las enfermedades. También se le denomina genéricamente radiodiagnóstico o diagnóstico por imagen.

La radiología debe distinguirse de la radioterapia, que no utiliza imágenes, sino que emplea directamente la radiación ionizante (rayos X de mayor energía que los usados para diagnóstico, y también radiaciones de otro tipo) para el tratamiento de las enfermedades (por ejemplo, para detener o frenar el crecimiento de aquellos tumores que son sensibles a la radiación).

También están la resonancia magnética, se piden mucho menos pruebas, pero es muy efectiva para detectar algunas densidades muy específicas. Se suelen pedir de los mimos sitios que la de los Rx , pero en imagen por resonancia magnética (IRM), también conocida como tomografía por resonancia magnética (TRM) o imagen por resonancia magnética nuclear (NMRI, por sus siglas en inglés) es una técnica no invasiva que utiliza el fenómeno de la resonancia magnética para obtener información sobre la estructura y composición del cuerpo a analizar. Esta información es procesada por ordenadores y transformada en imágenes del interior de lo que se ha analizado.

Es utilizada principalmente en medicina para observar alteraciones en los tejidos y detectar cáncer y otras patologías. También es utilizada industrialmente para analizar la estructura de materiales tanto orgánicos como inorgánicos.

La IRM no debe ser confundida con la espectroscopia de resonancia magnética nuclear, una técnica usada en química que utiliza el mismo principio de la resonancia

magnética para obtener información sobre la composición de los materiales.
A diferencia de la TC, no usa radiación ionizante, sino campos magnéticos para alinear la magnetización nuclear de (usualmente) átomos de hidrógeno del agua en el cuerpo. Los campos de radiofrecuencia (RF) se usan para sistemáticamente alterar el alineamiento de esa magnetización, causando que los núcleos de hidrógeno produzcan un campo magnético rotacional detectable por el escáner. Esa señal puede ser manipulada con adicionales campos magnéticos y así construir con más información imágenes del cuerpo. Por ultimo la medicina nuclear también tiene maquinas muy parecidas al Tac, pero son para aplicar medición también, no solo para diagnosticar. Tanto los Rx, como el Tac, exponen a radiaciones, por lo que hay que tener un control de los RX que se aplican durante un periodo determinado, para no pasarse en radiación. La resonancia magnética no tiene esos inconvenientes ya que no emite radiaciones. Cada vez que entra un enfermo con accidente donde implique rotura de huesos y golpe en la cabeza, se les hacen unos, RX y un TAC, prácticamente por protocolo, para descartar más complicaciones. Por lo que en unas urgencias comunes de un hospital de capital, se hacen muchos TAC y Rx.
I a ecografía también entra en las especialidades de radio diagnostico. También se hacen muchas en urgencias.
La ecografía, ultrasonografía o ecosonografía es un procedimiento de imagenología que emplea los ecos de

una emisión de ultrasonidos dirigida sobre un cuerpo u objeto como fuente de datos para formar una imagen de los órganos o masas internas con fines de diagnóstico. Un pequeño instrumento "similar a un micrófono" llamado transductor emite ondas de ultrasonidos. Estas ondas sonoras de alta frecuencia se transmiten hacia el área del cuerpo bajo estudio, y se recibe su eco. El transductor recoge el eco de las ondas sonoras y una computadora convierte este eco en una imagen que aparece en la pantalla.

La ecografía es un procedimiento sencillo, no invasivo, en el que no se emplea radiación, a pesar de que se suela realizar en el servicio de radiodiagnóstico, y por eso se usa con frecuencia para visualizar fetos que se están formando. Al someterse a un examen de ecografía, el paciente sencillamente se acuesta sobre una mesa y el médico mueve el transductor sobre la piel que se encuentra sobre la parte del cuerpo a examinar. Antes es preciso colocar un gel sobre la piel para la correcta transmisión de los ultrasonidos.

Actualmente se pueden utilizar contrastes en ecografía. Consisten en micro burbujas de gas estabilizadas que presentan un fenómeno de resonancia al ser insonorizadas, e incrementan la señal que recibe el transductor. Así, por ejemplo, es posible ver cuál es el patrón de vascularización de un tumor, el cual da pistas sobre su naturaleza. En el futuro quizá sea posible administrar fármacos como los quimioterápicos, ligados a burbujas semejantes, para que éstas liberen el fármaco únicamente en el órgano que se está insonando, para así conseguir una dosis máxima en el lugar que interesa, disminuyendo la toxicidad general. La ecografía, tampoco es invasiva y se utiliza para tejidos con varias densidades, se utiliza para los riñones, intestinos y otras muchas.

Definición, actuación, método y experiencia del celador en la especialidad de enfermería..

Con los enfermeros, tenemos un trato muy directo con ellos, tiene cometido casi en todo el hospital como, observación, policlínica, triaje, quirófanos, planta, UCI, recuperación, TAC de contraste, despertar de quirófano. La enfermería es el cuidado de la salud del ser humano. También recibe ese nombre el oficio que, fundamentado en dicha ciencia, se dedica básicamente al diagnóstico y tratamiento de los problemas de salud reales o potenciales. El singular enfoque enfermero se centra en el estudio de la respuesta del individuo o del grupo a un problema de salud real o potencial, y, desde otra perspectiva, como complemento o suplencia de la necesidad de todo ser humano de cuidarse a sí mismo desde los puntos de vista biopsicosocial y holístico. El pensamiento crítico enfermero tiene como base la fundamentación de preguntas y retos ante una situación compleja y el cómo actuar ante dicha situación.

Es el sistema de la práctica de enfermería, en el sentido de que proporciona el mecanismo por el que el trabajador de enfermería utiliza sus opiniones, conocimientos y habilidades para diagnosticar y tratar la respuesta del cliente a los problemas reales o potenciales de la salud Al igual que las especialidades médicas hay muchas y muy diferentes las de enfermería. Estas son las principales especialidades de enfermería las cuales el celador se relaciona más. Pero las funciones legales de la enfermería serian, Artículos 57 y 58 del Estatuto de personal sanitario no facultativo en las Instituciones Sanitarias de la Seguridad Social:

Artículo.- 57. Las funciones a desarrollar por las Enfermeras y Ayudantes Técnicos Sanitarios, dentro de la Seguridad Social, serán realizadas en Instituciones Sanitarias abiertas y cerradas, Equipos de Atención Primaria o Servicios Jerarquizados de Medicina General o Pediatría-Puericultura de Instituciones abiertas.

Artículo.- 58. Las funciones correspondientes a las Enfermeras y Ayudantes Técnicos Sanitarios en las Instituciones abiertas serán:
- Ejercer las funciones de auxiliar del Médico, cumplimentando las instrucciones que reciban del mismo en relación con el servicio.

- Tener a su cargo el control de los archivos de historias clínicas, ficheros y demás antecedentes necesarios para el buen orden del servicio o consulta.

- Vigilar la conservación y el buen estado del material sanitario, instrumental y, en general, cuantos aparatos clínicos se utilicen en la Institución, manteniéndolos limpios, ordenados y en condiciones de perfecta utilización.

- Atender al paciente y realizar los cometidos asistenciales específicos y generales necesarios para el mejor desarrollo de la exploración del enfermo o de las maniobras que el facultativo precise ejecutar, en relación con la atención inmediata en la consulta o servicio.

- Poner en conocimiento de sus superiores cualquier anomalía o deficiencia que observen en el desarrollo de la asistencia o en la dotación del servicio encomendado.

- Cumplimentar igualmente aquellas otras funciones que se señalen en los Reglamentos de Instituciones Sanitarias y las instrucciones propias de cada Centro, en cuanto no se opongan al lo establecido en el presente Estatuto.

Artículo.- 58 bis. Las Enfermeras y los Diplomados en Enfermería o Ayudantes Técnicos Sanitarios de Atención Primaria prestarán, con carácter regular, sus servicios a la población con derecho a la asistencia sanitaria de la Seguridad Social en régimen ambulatorio y/o domiciliario, así como a toda la población, en colaboración con los programas que se establezcan por otros Organismos y Servicios que cumplan funciones afines de Sanidad Pública, Educación Nacional y Beneficencia o Asistencia Social.

Conforme a su nivel de titulación centrarán sus actividades en el fomento de la salud, la prevención de enfermedades y accidentes de la población a su cargo, actuando fundamentalmente en la comunidad, sin descuidar las necesidades existentes en cuanto a rehabilitación y recuperación de la salud.

Ejercer las funciones de auxiliar del Médico, cumplimentando las instrucciones que por escrito o verbalmente reciba de aquél.

Cumplimentar la terapéutica prescrita por los facultativos encargados de la asistencia, así como aplicar la medicación correspondiente.

Auxiliar al personal médico en las intervenciones quirúrgicas, practicar las curas de los operados y prestar los servicios de asistencia inmediata en los casos de urgencia hasta la llegada del Médico.

Observar y recoger los datos clínicos necesarios para la correcta vigilancia de los pacientes.

Procurar que se proporcione a los pacientes un ambiente confortable, ordenado, limpio y seguro.

Tomar las medidas para un buen cuidado de los pacientes y contribuir en todo lo posible a la ayuda requerida por los facultativos o por otro personal sanitario y cooperar con ellos en beneficio de la mejor asistencia del enfermo.

Cuidar de la preparación de la habitación y cama para recepción del paciente y su acomodación correspondiente; vigilar la distribución de los regímenes alimenticios; atender a la higiene de los enfermos graves y hacer las camas de los mismos con la ayuda de las Auxiliares de Clínica.

Preparar adecuadamente al paciente para intervenciones o exploraciones, atendiendo escrupulosamente los cuidados prescritos, así como seguir las normas correspondientes en los cuidados postoperatorios.

Realizar una atenta observación de cada paciente, recogiendo por escrito todas aquellas alteraciones que el médico deba conocer para la mejor asistencia del enfermo.

Anotar cuidadosamente todo lo relacionado con la dieta y alimentación de los enfermos.

Realizar sondajes, disponer los equipos de todo tipo para intubaciones, punciones, drenajes continuos y vendajes, etc., así como preparar lo necesario para una asistencia urgente.

Custodiar las historias clínicas y demás antecedentes necesarios para una correcta asistencia, cuidando en todo momento de la actualización y exactitud de los datos anotados en dichos documentos.

Vigilar la conservación y el buen estado del material sanitario, instrumental y, en general, de cuantos aparatos clínicos se utilicen en la Institución, manteniéndolos ordenados y en condiciones de perfecta utilización, así como efectuar la preparación adecuada del carro de curas e instrumental, y del cuarto de trabajo.

Poner en conocimiento de sus superiores cualquier anomalía o deficiencia que observe en el desarrollo de la asistencia o en la dotación del servicio encomendado.

Mantener informados a sus superiores inmediatos de las necesidades de las Unidades de Enfermería o cualquier otro problema que haga referencia a las mismas.

Orientar las actividades del personal de limpieza, en cuanto se refiere a su actuación en el área de Enfermería.

Llevar los libros de órdenes y registro de Enfermería, anotando en ellos correctamente todas las indicaciones.

Cumplimentar igualmente aquellas otras funciones que se señalen en los Reglamentos de Instituciones Sanitarias y las instrucciones propias de cada Centro, en cuanto no se opongan a lo establecido en el presente Estatuto.

Enfermería en quirófano

Como ya menciono posterior mente, el celador en quirófano colabora directamente y colabora con los enfermeros.

En un quirófano, el personal debe estar especializado según la función que vayan a realizar, por ello, de este modo se distinguen tres tipos de enfermeras: circulante, anestesia y instrumentista.

Las enfermeras de quirófano suelen vestir de color azul, con ropas y guantes estériles como todo lo que se vaya a utilizar en un quirófano para no transmitir gérmenes o posibles infecciones.

ENFERMERA CIRCULANTE

Dicha enfermera se encarga, entre otras funciones, de:
- Verificar el plan de operaciones y el tipo de intervenciones.
- Verificar que el quirófano esté preparado, comprobando también el correcto funcionamiento de los aparatos a utilizar, tales como por ejemplo la mesa quirúrgica, aspiraciones, lámparas.
- Reunir los elementos necesarios en la intervención.
- Recibir al paciente, comprobar su identificación y reunir la documentación y estudios requeridos.- Ayudar a colocar al paciente en la mesa.
- Comprobar el aseo e higiene del paciente, así como asegurarse de que no lleve prótesis como indica el protocolo.
- Monitorizar al paciente.
- Ayudar al anestesiólogo a anestesiar y preparar el monitor, previa preparación de medicación y material para intubar.
- Ayudar a vestirse al resto de personal de quirófano.

- Proporcionar a la enfermera instrumentista el material preciso evitando demoras.

- Recoger cualquier irregularidad que se produzca y esté dentro de sus competencias y proponer o ejecutar su corrección.

- Proporcionar ayuda a cualquier miembro del equipo, así como responder ante situaciones de urgencia según normas establecidas.

- Establecer comunicación de lo que sucede entre la zona limpia y la zona sucia. Velar por que se cumplan las normas de asepsia y desinfección respecto a la limpieza del quirófano y anexos correspondientes.

- Recoger el material de desecho de la intervención para evitar el acumulo de estos.

- Recoger las muestras para el posterior análisis, etiquetándolas y enviándolas al laboratorio.

- Conservar la integridad, seguridad y eficacia del campo estéril durante la intervención (función también a realizar por la enf. instrumentista)

- Contabilizar las compresas de fuera de campo.

- Colocar apósitos externos, fija drenajes...

- Colaborar en colocar al paciente en la camilla para el traslado a la zona de reanimación, supervisando dicho traslado, custodiando su historia y refiriendo a las enfermeras que reciben al paciente en la unidad las incidencias más significativas.

- Rellenar los datos de la hoja de Enfermería Circulante y preparar el quirófano para posteriores intervenciones.

NFERMERA ANESTESIA

Como la anterior enfermera, tiene sus propias funciones:
- Preparar el material de anestesia, supervisándolo y comprobándolo.
- Coger del almacén de anestesia los fármacos necesarios, anotándolo en el libro de registro.
- Instaurar una vía endovenosa, con la fluidoterapia y la premediación prescrita.
- Registrar las constantes.
- Colaborar en las maniobras anestésicas intraoperatorias.
- Anotar el tipo y cantidad de drogas en el registro y en el quirófano.
- Colaborar con el traslado del paciente a la sala de reanimación.

ENFERMERA INSTRUMENTISTA

Esta enfermera debe:
- Conocer la operación a realizar.
- Preparar el instrumental y material requerido.
- Realizar el lavado quirúrgico, vestirse con ropa estéril y ponerse guantes.
- Vestir las mesas de instrumentación y colocar los instrumentos en el orden dispuesto.
- Contar el instrumental, agujas, gasas, compresas... antes de empezar la operación.- Ayudar a los cirujanos a ponerse los guantes.
- Ayudar a la colocación del campo quirúrgico.

- Proporcionar al cirujano durante la intervención, el instrumental y el material estéril requerido.
- Tomar muestras intraoperatorias y se las pasará a la enfermera circulante.
- Controlar el uso de gasas y compresas.
- Colaborar en la desinfección final y colocación de apósitos.
- Retirar hojas de bisturí, agujas y demás objetos punzantes y cortantes.
- Colaborar en la colocación del paciente en la camilla.
- Recoger y revisar los instrumentos utilizados para su desinfección y esterilización.
- Proporcionar ayuda a cualquier miembro del equipo, así como responder ante situaciones de urgencias según normas establecidas.
- Colaborar en el traslado del paciente de la mesa quirúrgica hasta la camilla.

Enfermería de familia y comunitaria

Se encarga de pequeñas tareas de enfermería, vacunas, curas, rehabilitación y de mas tareas tanto en el centro como en la casas de los pacientes.

Esta especialidad, suele estar en centros de salud primaria y el celador no suele trabajar en esas zonas.

Enfermería de cuidados médico-quirúrgicos

Esta especialidad, la encontramos en quirófano y se encarga de la colocación de sueros, mendicación, anestesias vía parenteral y también a crear la zona de estéril y dispensar los utensilios de quirófano.
Si hay un contacto directo con el celador, pero como regla general no manda nada al celador en quirófano, ese cometido es para el anestesista, pero si ayuda al enfermero en todo lo que se pueda como un compañero mas.

Enfermería geriátrica
El enfermero de geriatría, tienes tareas de limpiar heridas, curar escaras y otras lesiones, también aplicar las medicaciones via parenteral, muscular las medicaciones y llevar un control sobre los pacientes geriátricos.
El cuidado de las personas mayores que antaño era obligación familiar, en el presente ha pasado a ser competencia de muy distintos estamentos sociales. Esto es así, por los cambios que se han producido en los núcleos familiares, cada vez más dispersos y por los cambios en el ámbito laboral, que nos exigen más tiempo y dedicación. Por otra parte los ancianos, hoy más longevos, representan ya un importante núcleo de población con necesidades peculiares y específicas, que la sociedad moderna debe ir atendiendo.
Desde el punto de vista sanitario también han quedado atrás hospicios y psiquiátricos; las residencias de mayores y los hospitales geriátricos entre otros, son los que forman

ya parte significativa de nuestro entorno social. En esta evolución y en estos cambios se van involucrando tanto medios físicos como personal sanitario y como no podría ser de otro modo, hoy se puede hablar de Enfermería Geriátrica y/o Gerontológica para denominar a los profesionales de enfermería que dentro de un equipo multidisciplinar se encarga de la asistencia global e integral de los ancianos.

El panorama sanitario ha dejado de ser sólo asistencial y hoy abarca también otros aspectos como el de la prevención, promoción, rehabilitación y educación.

El celador si tiene mucho trabajo en estos en estas especialidades, ya que hay que movilizar al paciente con frecuencia y llevar material para dichas plantas. También hay que ayudar a limpiar por su reducida movilidad y llevar a los pacientes a las pruebas que surjan, en estos casos en enfermero si suele pedir al celador el trabajo que tiene que hacer. Pero el celador tiene que hablar con todos los enfermeros para organizar su trabajo.

Enfermería obstétrico-ginecológica (matrona)
La especialidad de enfermería obstétrico-ginecológica, es de la mas demandada. Esta especialidad se dedica a ayudar a embarazada a que nazca en bebe de forma natural, también en ayudar a las pacientes a que sepan como respirar y empujar en el embarazo.
El celador aquí también trabaja junto al matrón, para llevar a la paciente a monitores, pasarlo a las mesas de

parto y quien prepara la mesa de parto. También es quien lo pasa a dilatación y por ultimo al puerperio. Por ultimo el celador lleva a planta en la cama a paciente y al bebe. También lleva analíticas.

Enfermería pediátrica
En esta especialidad el enfermero se encarga por regla general en los hospitales de los neonatos o prematuros, que están en las incubadoras, se dedican al control y monitorización de los bebe, a su medicación, a la limpieza con el auxiliar y curas. El celador en estas estancias tiene pocas tareas, llevar a los bebes a las pruebas, llevar medicación y las analíticas.

Enfermería neurológica
Esta especialidad, el enfermero tiene muchas tareas con la ayuda del celador y el auxiliar. Tiene que hacer cambios postulares, lavar a los enfermos, limpiar y curar las heridas y escaras, suministrar las medicaciones, monitorizar a los enfermos, llevar la temperatura, tensión y de mas pruebas. En estas especialidades el celador tiene mucho trabajo, porque muchos pacientes no se pueden mover. Debido que la especialidad de neurología, son provocadas por lesiones en el cerebro, que hay que intervenir quirurgicamente, estos pacientes necesitan muchos cuidados. Por lo que el celador tiene mucho trabajo.

Enfermería Oncológica

Dentro de las especialidades de enfermería que aparte de la medicación, curas y limpieza, en esta se necesita mucha empatía y simpatía con los pacientes, ya que suelen tener el animo bajo, por culpa de la enfermedad. En estas estancias no hay mas trabajo que en otras, pero si hay que ayudar los tres, enfermero, auxiliar y celador para el buen funcionamiento y que haya un ambiente profesional. Hay que llevar la medicación de la quimioterapia lo más rápido, eso lo hace el celador, aplicarla eso el enfermero y limpiar al paciente el auxiliar. Como ejemplo, todo son importantes para que el paciente se le trate su enfermedad con eficiencia.

Enfermería del cuidado cardiorrespiratorio

Otra unidad con trabajos de movilización de pacientes y llevar en algunas ocasiones al paciente en la cama para las pruebas o tratamiento. La enfermería en cardiorrespiratorio, tienen especial cuidado con los pacientes, pueden entran en poco tiempo en un empeoramiento rápido, por lo que un control sobre los pacientes y con un carro de parada a mano con monitorización. Suelen ser personas mayores la que sufren estas enfermedades. Las medicaciones y tratamientos con oxigeno terapia son fundamentales, para la mejoras de los enfermos. Unas salas tranquilas sin ruidos o con música suave, ayudan a la mejoras de los pacientes. Por lo que las visitas múltiple hablando todos no es muy aconsejable. El celador tendrá las estancias sin muchas visitas, el traslado del paciente a otras estancias, pruebas del paciente en cama si hiciera falta, analíticas, medicación urgente, levantar y acostar a los pacientes que lo necesiten.

Enfermería Gastroenterológica
Las enfermedades del aparato digestivo s usan sondas que hay que tener limpias al igual que el lavado del paciente, porque suelen miccionar bastante a lo largo del día. Estas son algunas de las tareas de los enfermeros tienen en planta. La limpieza y la cura de los pacientes ingresados son fundamentales. Los celadores ayudan en estas plantas a lavar y movilizar mientras son lavados, también a levantar y acostar si ellos no pudieran por si mismo. Por ultimo a las pruebas necesarias seria trasladado en su cama. Como en otras plantas la buena comunicación y la organización es fundamental con los compañeros de enfermería.

Enfermería Urgencias y emergencias
Esta es la especialidad que más enfermeros necesita, en urgencias, primero en triaje donde se valora a los pacientes, segundo en policlínica donde se vigilan a los pacientes, en técnica donde se colocan las vías y se suministran las medicaciones, tercero observación, una salas donde los enfermos están encamados o en sillones y se vigilan y se dan tratamientos por ultimo la unidad de críticos donde se atiende a los paciente de extrema urgencia. En estas estancias el enfermero monitoriza a los pacientes, aplicas las medicaciones, ayuda a la limpieza. Para su posterior alta a planta o su casa. El celador en

estas estancias, la comunicación y organización con el enfermero es fundamental. Se apuntan las tareas por orden de importancia y se realizan en orden.

Normalmente se apunta desde la sala de celadores , donde se apuntan las tareas y se reparte el trabajo entre los celadores. Dichos trabajos son, llevar a pacientes, RX, TAC, ecografía, resonancia magnética, analíticas, ayudar a acostar, levantar, a mover para lavar, llevar aparatajes como Portátil RX, ecógrafos, monitor de endoscopia.

Pasar de la cama a silla de ruedas, también a pasar a enfermos a la mesa de quirófano, colocar brazos y piernas, llevar carros de estéril entre otras muchas tareas de urgencias. Todo esto tiene que estar coordinado y con buena actitud y comunicación mejor. La enfermería en urgencia es donde mas trabajo tiene, ya que las urgencias como regla general están llenas y en algunas ocasiones el trabajo les desbordan, por lo que la ayuda a la compañero de urgencia, como acercar las tareas, recordar, llevar rápido, nombrar pacientes para enfermería y llevarlo y otras muchas tareas que surgen que se puede ayudar, en esos momento se establece buenas relaciones laborales o por lo menos se intenta. Sin duda la comunicación, las buenas formas y el trabajo organizado, ayuda a un buen funcionamiento de las urgencias como regla general.

Enfermería del cuidado crítico
Esto son unidades muy especiales como la UCI o recuperación. Esta unidad en cuando llega un enfermo a un hospital muy grave, con una patología grave y critica,

se lleva de la ambulancia a la sala de críticos donde médicos, enfermeros, celadores y auxiliares lo atienden rápido. El enfermero le extrae sangre, se le hace una prueba de glucosa, tensión, se monitoriza al paciente, se le cura si tiene pequeñas heridas. El celador se encarga de movilizar al paciente, ayudar a desnudar y poner camisón, traer el portátil de Rx y traer la cama de observación para pasar al paciente y llevarlo a observación.

Enfermería de salud publica

Enfermería de Hematología
En estas plantas el enfermero tiene trabajo de control periódicos de analíticas y dispensar fármaco con bastante porosidad a los mismos paciente. Tiene que llevar un control muy exhaustivo por las enfermedades a estos pacientes.
El celador en estas plantas tiene casi el mismo trabajo que en otras plantas excepto que tiene que llevar más analíticas, otras tareas son traslado de pacientes, traer medicación, llevar por pruebas o tratamientos a los paciente como, Rx, Tac, Eco, hemodinámica, diálisis y otras relacionadas con la hematología.

Enfermería del cuidado Nefrológico
Esta especialidad el enfermero, tiene que cuidar a los pacientes con problemas de riñones, este tipo de dolencia hace que enfermero tenga un control con la orina, de

cuanto y cuando. Muchas ocasiones tiene que tener sondado a los pacientes con lo que el control es más exhaustivo. También son pacientes que hay tienen que siniestrarle antibióticos y tienen sus horas particulares. Eso independiente a las rutinas diarias, como analíticas, medicaciones, limpiezas y curas. El celador si tiene trabajo directo
con el enfermero para llevar al paciente a ecografías, Rx, resonancias magnéticas y al quirófano. Entre otras actividades de planta, como ayudar a lavar, limpiar y curar. Por esa razón tener una buena colaboración con el enfermero es fundamental.
Enfermería de Otorrinolaringología

Enfermería de Urología
Esta especialidad el enfermero, tiene las mismas labores que otras plantas, la especialidad de urología, se atiende en consulta y en los hospitales. Tienen tratamiento medico quirúrgico, con lo cual tiene su parte de complejidad en planta. Esta especialidad en muchos de los casos son personas mayores y dan mas trabajo a la hora de las pruebas y los tratamientos. Sobre todo a la hora de los traslado. Por lo que el celador también tiene su cometido.

Enfermería de cuidado critico Neonatal
Los enfermero neonatales, es una especialidad la cual hay que tener cierta sensibilidad y empatía con los padre de los neonatos. También tiene que tener una vigilancia

constante y monitorizado por lo critico de estos bebe. Las medicaciones y los tratamientos, se realizan con técnicas especiales. Otra cualidad, que el enfermero no tiene que llevase por los sentimientos, si no tener la cabeza fría para solventar problemas grabes de la mejor forma posible. Los celadores en estas especialidades hace poco, excepto el traslado del bebe por las dependencias hospitalarias.

Enfermería de Neumología

En neumología, el enfermero tiene que poner tratamientos de aerosoles y oxigeno terapia. Con diferencias de otras plantas también hay que tener especial cuidado con las enfermedades de contagio aéreo. Por lo que hay que habilitar habitaciones de aislamientos. Muchas de estas personas no se pueden mover porque se asfixian con cierta facilidad. Por lo que el celador tiene que llevarlo a las pruebas, ayudar a lavar y llevar pruebas de analíticas y microbiología. Como en todas las planta una buena comunicación con los enfermero es buena para el buen funcionamiento de la planta.

Enfermoría Paliativa

De las plantas más duras y difíciles para el personal de una planta, esta es una de ellas, en esta planta el enfermero pone medicación paliativa para personas que están muy graves y no tienen cura. Hay que tener cierta sensibilidad y compresión con estos pacientes con un trato muy humano y ayudar en todo lo posible. También hacer terapias de grupo con los compañeros de la planta para ayudar a pasar ciertos momentos difíciles. En esta planta para el celador, también se hacen las mismas pruebas y traslados, que en otras plantas, pero aquí lo impórtate es ayudar en todo los posible a los compañeros y ser amable.

Esta planta también hay que tener, una información correcta y amable con los familiares. Este tipo de trabajo y en especial estas plantas tienen que ser vocacionales.

Enfermería del cuidado Inmunológico

Este tipo de planta es de alto aislamiento. Se tiene que entrar con ropa estéril, gorro, mascarilla y guantes y funda para los zapatos. Por lo que los enfermeros su trabajo se complican. El trabajo es suministrar medicación, curar y monitorización. Los traslados se evitan para este tipo de paciente, pero si hace falta hacerlo, en el traslado se le coloca, mascarilla, gorro, y lo que se dedican al traslado también, para hacer cualquier prueba.

El celador en estas estancias es fundamental, que lleven ropas estériles. En estas plantas los pacientes más comunes son los de trasplante. Por lo que para mantener el sistema inmunológico, protegido lo mejor es limpieza, ropa estéril para el personal de las zona de asimiento y entrar siempre con mascarilla, guantes. Para hacer un recordatorio de la

Inmunología es una rama amplia de la biología y de las ciencias biomédicas que se ocupa del estudio del sistema inmunitario, entendiendo como tal al conjunto de órganos, tejidos y células que, en los vertebrados, tienen como función reconocer elementos extraños o ajenos dando una respuesta.

La ciencia trata, entre otras cosas, el funcionamiento fisiológico del sistema inmunitario tanto en estados de salud como de enfermedad; las alteraciones en las funciones del sistema inmunitario, enfermedades auto inmunitarias, hipersensibilidades, inmunodeficiencias, rechazo a los trasplantes); las características físicas, químicas y fisiológicas de los componentes del sistema inmunitario. La inmunología tiene varias aplicaciones en numerosas disciplinas científicas, que serán analizadas más adelante

Dentro de la categoría de enfermería hay más especialidades, pero estas son algunas con la que el celador trabaja juntos. Una vez más la buena comunicación para una buena organización es fundamental. Poniendo casos prácticos como llegar a planta y saludar, presentarse y preguntar que como va el día, que se puede ayudar y empezar a organizar el trabajo, son buenas formas que ayudan al buen funcionamiento del trabajo.

Definición, actuación, método y experiencia del celador en la especialidad de enfermería.
El trabajo con el auxiliar de enfermería es con quien mas se trabaja mano a mano, se ayuda con ellos a lasear, lavar enfermos, llevar pacientes, hacer camas, mover pacientes en las habitaciones como levantar y acostar. Para ser mas concreto con las fusiones de auxilias de enfermería de cuando, donde y como son sus funciones. Las funciones de los auxiliares de enfermería, aparecen recogidas en los artículos 74 a 85 de la Orden ministerial del 26 de abril de 1973, que aprueba el Estatuto del personal auxiliar sanitario titulado y auxiliar de clínica de la Seguridad Social. Así mismo en el Real Decreto 137/1984 se señalan otra serie de funciones del auxiliar de enfermería en el equipo de atención primaria. Estas normativas tienen validez en la sanidad pública a nivel nacional.

Concretamente en el artículo 74 de la Orden anteriormente nombrada se señala las funciones de los auxiliares de clínica en los distintos servicios del hospital. A nivel general indica lo siguiente:

"Corresponden a las auxiliares de enfermería ejercer, en general, los servicios complementarios de la asistencia sanitaria en aquellos aspectos que no sean de la competencia del personal sanitario titulado superior. Los auxiliares de enfermería se atendrán a las instrucciones que reciban del citado personal que tenga atribuida la responsabilidad en la esfera de su competencia del Departamento o Servicio donde actúen las interesadas y, en todo caso, dependerán de la Jefatura de enfermería y de la Dirección del centro."

En este mismo artículo se detallan como funciones específicas del auxiliar de enfermería:

-Hacer las camas de los enfermos.

-Realiza el aseo y limpieza de los enfermos.

-Corresponde al auxiliar de clínica llevar las cuñas a los enfermos y retirarlas, teniendo cuidado de su limpieza.

-Realizar la limpieza de los carros de curas y de su material.

-La recepción de los carros de comida y la distribución de la misma.

-Servir las comidas a los enfermos, atendiendo a la colocación y retirada de bandejas, cubiertos y vajilla.

-Será el auxiliar de enfermería quien dará la comida a los enfermos que no puedan hacerlo por sí mismos, salvo en aquellos casos que requieran cuidados especiales.

-El auxiliar de enfermería ha de clasificar y ordenar las lencerías de planta a efectos de reposición de ropas y de vestuario, relacionándose con los servicios de lavadero y planta, presenciando la clasificación y recuento de las mismas, que se realizarán por el personal del lavadero.

-Por indicación del personal sanitario titulado, el auxiliar de enfermería, colaborará en la administración de medicamentos por vía oral y rectal, con exclusión de la vía parenteral. Igualmente el auxiliar de enfermería podrá aplicar enemas de limpieza, salvo en casos de enfermos graves.

-Colaborar con el personal sanitario titulado y bajo su supervisión en la recogida de los datos termométricos. Así mismo recogerán los signos que hayan llamado su atención, que transmitirán a dicho personal, en unión de las espontáneas manifestaciones de los enfermos sobre sus propios síntomas.

-Corresponde al auxiliar de enfermería colaborar con el personal de enfermería en el rasurado de las enfermas.

-Trasladar, las comunicaciones verbales, documentos, correspondencia u objetos que les sean confiados por sus superiores.

-En general, todas aquellas actividades que, vienen a facilitar las funciones del médico y del personal de enfermería.

El auxiliar de enfermería puede trabajar en multitud de puestos en el sector sanitario, atención primaria y comunitaria, centros de atención especializada (hospitales, consultas externas, urgencias, quirófanos, salas de esterilización, etc...) por ello existen unas funciones aún más concretas para los auxiliares de enfermería como las que describimos .Como pasa con la categoría de Celador no existe todas las funciones pero las mas típicas en cada especialidad son estas.

Auxiliar de Geriatría.
Una planta complicada, pero muy agradecida por los pacientes. En esta planta se limpia y se lava a diario a los pacientes con el auxiliar y el celador. El auxiliar, revisa la orina, la temperatura y mantiene limpia la cama y el paciente, también se encarga de mantener todo el material de enfermería en las planta de geriatría.
En la planta de geriatría hay que levantar a muchos pacientes para llévalos a pasear, gimnasio, pruebas complementarias para todo eso se utiliza silla de rueda, por lo que hay que levantarlo de la cama y sentarlo en la silla, eso se puede repetir en una planta mas de 20 paciente por día para un auxiliar y un celador, por lo que hay que estar bien compenetrados para levantar y acostar. Hay hospitales que utilizan a dos celadores para este cometido.

Auxiliar de Enfermería en Departamentos de Quirófano y Esterilización.

El auxiliar de enfermería en quirófano, repone material de enfermería y instrumental de quirófano, limpia el material de quirófano para después llevarlo el celador a estéril. También limpia el quirófano y durante la operación suministra material y medicación.

El celador se pone en contacto con el auxiliar para llevarle material de quirófano, ayudar a limpiar brazos y perneras si el celador es de quirófano. También el celador ayuda a traer medicación, a llevar y traer sangre del banco de sangre para el quirófano. Ayuda a preparar la cama de quirófano para el trasporte a la recuperación o despertar. También bajar al paciente al quirófano y con el auxiliar desnudarlo y taparlo en la mesa de operaciones.

El trabajo con el auxiliar es muy cooperativo por lo que es normal ayudarle en todo lo posible y el auxiliar puede mantener informado al celador mientras esta liado con otras tareas. Como otro ejemplo si el celador es grande y fuerte y el auxiliar más pequeño, pues cuando haya que mover a un paciente para quirófano, se ofrece para pásalo a la mesa de operaciones. Si el objeto que intenta mover el auxiliar pesa mucho como una bandeja de instrumentales, pues se ofrece uno para ayudar y se puede crear un buen ambiente de trabajo.

Para concretar las funciones básicas del auxiliar de enfermería en quirófano son:
El cuidado, conservación y reposición de batas, sabanillas, toallas, etc.
El arreglo de guantes y confección de apósitos de gasa y otro material.
Ayudar al personal Auxiliar Sanitario Titulado en la preparación del material para su esterilización.
La recogida y limpieza del instrumental empleado en las intervenciones quirúrgicas, así como ayudar al personal Auxiliar Sanitario Titulado en la ordenación de las vitrinas y arsenal.
En general, todas aquellas actividades que, sin tener carácter profesional sanitario, vienen a facilitar las funciones del Médico y de la Enfermera o Ayudante Técnico Sanitario.

Auxiliar de Enfermería en Departamentos de Tocología.
.Este es uno de departamentos donde el trabajo es más bonito y grato para un auxiliar de enfermería, su trabajo como regla general en el paritorio es mantener las camas de parto limpias y cambiadas las sabanas, que estén todo el material para los partos preparado y listo para su uso .
Una vez que el bebe nace el auxiliar lava al bebc y lo prepara, para dárselo a su madre en el puerperio. En la

planta, se encargan de mantener las camas preparadas, lavan a los bebe, mantienen el material de enfermería .

El celador se encarga de pasar a las embarazadas a la cama de partos y se encargan de sostener a la paciente en el caso que la doctora le ponga la epidural. También ayuda a pasar a la mesa de operaciones, si el parto es por cesárea, poner soporte para brazos, poner las perneras. Cuando termine la intervención, ayudar a pasar a la cama de planta y llevarla al puerperio o despertar. Para definir más todas las tareas de un auxiliar en Tocología seria, Recogida y limpieza del instrumental, ayudar a enfermería en las atenciones y limpieza de aparatos. Acompañar a las enfermas y recién nacidos a los servicios y plantas que les sean asignados, atendiéndolos y vigilándolos hasta que estén instalados donde les corresponda. Vestir y desvestir a las embarazadas, su aseo y limpieza. Pasar a las camas a las parturientas. Cambiar las camas de las enfermas en los Departamentos de Dilatación, con la ayuda de la Matrona, cuando el estado de la enferma lo requiera. Poner y quitar cuñas y limpieza de las mismas. Colaborar con las Matronas en el rasurado de las parturientas y en la aplicación de enemas de limpieza. Cambiar las ropas de las camas y compresas y ropas de las parturientas.

Auxiliares de Enfermería en los Departamentos de Laboratorio

Realizar la limpieza y colaborar con el Personal Auxiliar Sanitario Titulado en la ordenación del material utilizado en el trabajo diario y, en general, todas aquellas actividades que, sin tener carácter profesional sanitario, vienen a facilitar las funciones del Médico y de la Enfermera o Ayudante Técnico Sanitario. El celador en este departamento, solo se encargan de llevar material y analíticas.

Auxiliares de Enfermería en la Unidad de Rehabilitación
El aseo y limpieza de los pacientes.
La limpieza y ordenación del material utilizado en la Unidad, bajo la supervisión del Personal Auxiliar Sanitario Titulado.
Ayudar a dicho personal en la colocación o fijación del paciente en el lugar especial de su tratamiento.
Controlar las posturas estáticas de los enfermos, con supervisión del Personal Auxiliar Sanitario Titulado.
Desvestir y vestir a los pacientes cuando lo requiera su tratamiento.
En general, todas aquellas actividades que, sin tener un carácter profesional sanitario, vienen a facilitar las funciones del Médico y de la Enfermera o Ayudante Técnico Sanitario.
En estas unidades como ya comente anteriormente, ayudamos los celadores a levantar, acostar, lavar con el auxiliar, llevar al paciente al gimnasio y las pruebas necesarias y a otras muchas tareas no cuantificables,

como ayudar a reponer, ayudar colocar sabanas, colocar anti escaras en la cama y demás tareas, que no son intrínsecas del cargo, pero se ayuda si el tiempo y el trabajo lo permite.

Definición, actuación, método y experiencia del celador en las otras categorías

El celador también trabaja junto a piches, administrativos, limpiadoras y técnicos.

Piches, Los piches se encargan de ayudar en la cocina y repartir la comida por el hospital. Es impórtate que haya una buena comunicación, para saber cuando pasan por algunas de las especialidades a repartir la comida y que el celador lo tenga en cuenta para la movilización de los pacientes.

Administrativo, se encargan de los ingresos a urgencias, ingresos a planta, documentación del hospital, historiales médicos y otras muchas funciones. El celador comparte el trabajo de la documentación de ingreso en planta, que traen los administrativos y suben los celadores a planta con el paciente. Se le comunica la subida del paciente al administrativo, para que tengan constancia. En las secretarías el celador trae y lleva las Historias clínicas para los Informes, reparten el correo, etc…

Limpiadora, Se encarga de la limpieza del hospital, en cada una de las dependencias y el celador indica cuando lleva a un paciente a las habitaciones, para que le de tiempo limpiarla al igual en observación y quirófanos ante y después de una intervención.

Técnicos, los hay de laboratorio y de rayos. El trabajo es normalmente llevarles a los pacientes y pasarlos a las mesas de pruebas como en Rx, Tac y Resonancia si el paciente no puede mover bien, el celador lo pasa a las distintas mesas y se lo lleva después para su ubicación correspondiente. El de laboratorio principalmente es llevar analíticas y cultivos.

Conclusiones y estudios científicos de comunicación asertiva y el conocimiento básico de las todas las especialidades hospitalarias.
En un hospital como en un barco o un buen hotel la organización es fundamental y el conocer el trabajo de cada uno es fundamental. Pero con diferencias las personas que llegan aun hospital están enfermas, por lo que están mas sensibles y atenta a ser cuidadas con respeto y cariño y sobre todo comprensión. Por lo que una buena actitud ayuda mucho para el paciente. Pero la convivencia de un celador se desarrolla con todo el personal del hospital, porque muchos de ellos se mueven por todo el complejo, para su trabajo. Con lo que llegamos a la conclusión que una buena convivencia con los compañeros, lo primero es el respecto, las buenas costumbres ayudar a tus compañeros sin olvidar que la profesión en un hospital tiene que ser un poco vocacional, por lo que el apoyo uno entre otros hace los momentos

mas difíciles sean mas llevaderos. Poniendo un ejemplo, llega un celador a un servicio 15 minutos antes y da los buenos días a los compañeros del servicio, seguidamente pregunta los servicios que hay para hacer y en ese momento, se le dice, compañero el servicio esta cubierto, si quieres te puede ir. Por regla general el compañero, agradece irse unos minutos antes, razones hay muchas, recogidas de los niños, que viven lejos, que están casado y muchas mas circunstancias. Con ese detalle se empieza a crear un buen clima de compañerismo. Segundo ejemplo , Llegas a una planta y hay que pasar una paciente de sillón a la cama y no se mueve bien y es una persona con mucho peso, la compañera es pequeña y no muy fuerte , uno es alto y fuerte , se el invita de forma indirecta que ,cuando le ayude a levantar a la paciente , eche el sillón para atrás, para separarla de la paciente , en ese momento uno hace el esfuerzo le dice a la paciente que se apoye en el suelo un poco y cogiendo de las axilas con los dos brazos, se rota y con una sola maniobra y se sienta en la cama. Sin dar más importancias la saludas y te vas a otras tareas. La compañera se sentirá útil y agradecerá que la parte pesada la hubiera hecho el compañero más fuerte o hábil para acostar a la paciente. Otro ejemplo, vas a un servicio y encuentras a otro compañero que va para el mismo lugar para entregar unas analíticas, pues te ofreces para hacer el servicio porque vas al mismo sitio. Bueno estos y otros muchos ejemplos ayudan para crear un buen ambiente y compañerismo. Es muy importante que haya un buen ambiente de trabajo, para un mayor rendimiento

y calidad del mismo. Por supuesto que una comunicación asertiva con los compañeros y pacientes hace que día a día sea más agradable. Partiendo que una comunicación asertiva es comprender, ser diplomático en los problemas y solventar sin imponer, son formulas de trato que son buenas para compañeros y paciente. Otras de las cuestiones importantes, es conocer bien el trabajo y especialidad de los compañero con lo cual, el conocimiento ayuda al respeto de las tareas de los compañeros. Todo el conjunto de técnicas asertivas las cuales se desarrollan con el uso hace que la calidad al paciente se mejore. El trabajo en un hospital, como en otros estamentos, es como una cadena, en la que todos los eslabones son imprescindibles para que esta no se rompa. El trabajo en equipo es muy importante.
Llegando a algunas conclusiones, el trabajo creando un buen ambiente, con buenos compañeros, paciencia con los pacientes, la cortesía, ayudar a los compañeros y una actitud asertiva .Pero tan importante como estos conceptos es el conocer el trabajo del los grupos multidisciplinares de los hospitales.

Los estudios de las dos universidades inglesas realizadas sobre 30.000 trabajadores de varios hospitales Europeos sobre el comportamiento gregario o compañerismo laboral y asertivo. Rendían un 30% más en global y los trabajadores no tenían estrés en comparación con otros hospitales.

Lo que llegaron a la conclusión que un buen ambiente laboral es más rentable que otros muy estrictos y estresantes. Algunas empresas han empezado a dar curso y entrenar a sus trabajadores para una comunicación asertiva y ayudar a los compañeros, crea los cimientos para un buen ambiente laboral. También cursos y entrenamiento para los jefes para un trato no autoritario a los trabajadores. Por ultimo un ambiente bonito, eficiente, natural y ergonómico es importante para un buen ambiente de trabajo. Todo esto mejora la calidad asistencial y la rapidez en los servicios, quedando los pacientes mas contento por su mejor servicio, trato humano y no tener que esperar mucho en el hospital. Otro estudio Noruego realizado sobre 90000 trabajadores de diferentes especialidades, al conocer y estudiar el trabajo de los compañeros mejoro el trato en un 40%, sobre las otras disciplina. Se creo un vínculo de respeto por el trabajo. El conocimiento hace que valoremos las cosas, por su valor autentico.

Estadísticas

Esta estadística esta realizada en la web todostadisticas.com, sobre el trato laboral al usuario.

-Tratas bien a tus compañeros, a un que sean de trato difícil. Un 50%si, a veces 40, no 10%.

-Tratas bien a tus cliente o usuarios, a un que sean de trato difícil. Un 60%si, a veces 30, no 10%.

-Utilizas un trato asertivo con tus compañeros y clientes. Si 39% a veces 50%, no 11%.

-Ayudas a tus compañeros en su trabajo, cuando lo necesita si te lo pide. Si 60%, a veces 40%, no 10%.

-Ayudas a tus compañeros en su trabajo, cuando lo necesita, pero no pide. Si 3%, a veces 10%, no %.87

-Tienes paciencia con los usuarios. Si 50%, a veces 20%, no 30%.

-Conoces el trabajo de tus compañeros de diferente categoría. Si 10%, no 90%.

-Ayudas a tener un buen ambiente de trabajo. Si 50%, a veces 40%, no 10%.

-Piensas que tener un lugar de trabajo bonito y agradable favorece el rendimiento y la productividad. Si 90%, a veces 7%, no 3%.

-Un ambiente distendido y agradable, aumenta la productividad. Si 89%, a veces9%, 2%.

Estas estadísticas están realizadas sobre 900 personas.

Este manual es un conjunto de experiencias propias en hospitales, estudios del comportamiento en el trabajo hospitalarios, actuaciones reales, preguntas a compañeros y por la web, llegando a conclusiones, del conocimiento del trabajo de los compañeros en unidades multidisciplinares son importantes.

www.ingramcontent.com/pod-product-compliance
Lightning Source LLC
Chambersburg PA
CBHW051344170526
45166CB00002B/951